电力设备全过程技术监督 典型案例

变压器类

国网湖南省电力有限公司　组编

中国电力出版社
CHINA ELECTRIC POWER PRESS

内 容 提 要

技术监督贯穿电力设备全寿命周期，为提高技术监督人员发现问题、剖析问题、解决问题的水平，强化技术监督能力，方便开展技术监督典型案例经验培训、交流协作，国网湖南省电力有限公司特编写《电力设备全过程技术监督典型案例》丛书。

本书为《变压器类》分册，系统收集了国网湖南省电力有限公司近年来 500kV 及以上、220、110kV 变压器，电抗器，电流互感器，电压互感器等设备全过程技术监督典型案例，并对各案例按情况说明、检查情况、原因分析、措施及建议等进行阐述和分析。

本书可供从事电力设备技术监督、质量监督、设计制造、安装调试及运维检修的技术人员和管理人员使用，也可供电力类高校、高职院校的教师和学生阅读参考。

图书在版编目（CIP）数据

电力设备全过程技术监督典型案例. 变压器类 / 国网湖南省电力有限公司组编. —北京：中国电力出版社，2023.10
ISBN 978-7-5198-7902-0

Ⅰ.①电…　Ⅱ.①国…　Ⅲ.①电力设备–技术监督–案例　Ⅳ.①TM7

中国国家版本馆 CIP 数据核字（2023）第 109013 号

出版发行：中国电力出版社
地　　址：北京市东城区北京站西街19号（邮政编码100005）
网　　址：http://www.cepp.sgcc.com.cn
责任编辑：赵　杨（010–63412287）　代　旭
责任校对：黄　蓓　王海南
装帧设计：张俊霞
责任印制：石　雷

印　　刷：三河市万龙印装有限公司
版　　次：2023年10月第一版
印　　次：2023年10月北京第一次印刷
开　　本：710毫米×1000毫米　16开本
印　　张：18.5
字　　数：251千字
定　　价：78.00元

前　言

技术监督贯穿电力设备全寿命周期，为提高技术监督人员发现问题、剖析问题、解决问题的水平，强化技术监督能力，方便开展技术监督典型案例经验培训、交流协作，国网湖南省电力有限公司特编写《电力设备全过程技术监督典型案例》丛书，本书为《变压器类》分册。

随着国民经济的持续高速增长，全社会用电量屡创新高。为满足人民群众日益增长的用电需求，电力工业迅猛发展，电网规模迅速扩大，对输变电设备的性能和运行可靠性提出了更高要求。从技术形态上看，当前高压设备故障形态复杂，故障机理和规律认知不足，缺乏有效监（检）测手段。设备新老并存，同时新设备处于不稳定期，老旧设备基数大、隐患多，许多设备处于典型故障"浴盆曲线"两端，变压器类设备（变压器、电抗器、电压互感器、电流互感器）故障居高不下，结合实际案例开展变压器类设备故障分析工作，将有助于查明故障原因、提前采取措施、避免类似故障，对于提高设备健康运行水平以及技术人员综合素质具有重要意义。为深入贯彻国家电网有限公司"建设具有卓越竞争力的世界一流能源互联网企业"发展战略，落实精益化管理要求，总结电力生产事故教训，防范同类事故再次发生，提高电网安全生产水平，国网湖南省电力有限公司组织相关单位对近几年发生的典型故障及缺陷进行汇总分析，编写完成《电力设备全过程技术监督典型案例　变压器类》。

本书是对国网湖南省电力有限公司近年来变压器、电抗器、电流互感器、电压互感器故障及缺陷进行的梳理和总结。从14家地市公司共收集200多个案例，并从中精选了58例，包括变压器故障及缺陷40例、电抗器故障及缺陷4例、电流互感器故障及缺陷6例、电压互感器故障及缺陷8例。

　　本书涵盖电气、机械等故障及缺陷，对故障发生概况、现场和解体检查情况、事故原因进行了详细的阐述和分析，暴露出设备制造质量、运行管理等方面的众多问题，在隐患排查、故障定位和分析、家族性缺陷认定、故障防范等方面提供了交流学习、提高管理的参考范例和依据。

　　本书可供变压器类设备制造、安装、运行、维护、检修等专业技术人员和管理人员参考，有助于提高变压器设备的运行、维护和检修水平。

　　由于时间和水平有限，书中难免存在疏漏和不足之处，请广大读者批评指正。

编者

2023年2月

CONTENTS 目录

500kV 及以上变压器／电抗器技术监督典型案例

1.1 特高压1000kV变压器内异物导致局部放电异常分析

- 监督专业：电气设备性能
- 设备类别：变压器
- 发现环节：交接试验
- 问题来源：设备制造

● 1.1.1 监督依据

GB/T 1094.3—2017《电力变压器 第3部分：绝缘水平、绝缘试验和外绝缘空气间隙》

GB/T 50832—2013《1000kV系统电气装置安装工程电气设备交接试验标准》

DL/T 309—2010《1000kV交流系统电力设备现场试验实施导则》

● 1.1.2 违反条款

依据DL/T 309—2010《1000kV交流系统电力设备现场试验实施导则》中3.4.3的规定，在U_2的长时试验期间内，本体1000kV端子局部放电量的连续水平不应大于100pC、500kV端子的局部放电量的连续水平不应大于200pC。

● 1.1.3 案例简介

2021年10月30日，1000kV某特高压变电站A相变压器现场交接试验进行到局部放电试验时，第一次加压起始70%U_m（U_m为设备最高运行电压），中压局部放电量2000~3000pC，持续几十秒熄灭。再次试验加压电压加至50%U_m时中压局部放电量突然增大至1200pC。取油样分析，在线监测处有乙炔含量0.56μL/L，下部乙炔含量0.13μL/L，上、中部均无乙炔。超声定位初步分析判定局部放电位置为中压下部柱间"手拉手"连线靠近柱Ⅱ出头附近，另在中压出线装置均压球区域也可能存在疑似放电点。

返厂解体检查时，在器身围屏拆除后，位于中压线圈内径侧下方，第22挡角环处发现黑色带状异物，所在位置的角环下表面、对应的端圈垫块、端圈纸圈均有明显放电痕迹。推测原因为厂家在注油或热油循环时管道清理不到位将异物带入产品中。

● 1.1.4 案例分析

1.现场交接试验情况

2021年10月30日13时30分：开始局部放电试验，第一次加压起始70%U_m，中压局部放电量2000~3000pC，基本符合中压到其他端子的传输比，持续几十秒熄灭，80%U_m电压又出现局部放电，稍后熄灭，加到额定电压，局部放电量突然变大，随后降电压查找原因。更换中压试验均压帽，检查接地情况，更换检测阻抗等，重新加压，起始70%U_m，中压局部放电量200~500pC。2021年10月31日10时：取油样下部乙炔0.1μL/L左右，上、中部无乙炔，在线监测处无乙炔。2021年10月31日10时15分：开始试验，起始20%U_m，中压局部放电量200pC，电压加至50%U_m时中压局部放电量突然增大至1200pC。

2021年11月1日进行局部放电超声定位，第一次起始电压45%U_m，中压局部放电量1000~2000pC，电压增加至65%U_m，中压局部放电量增加到3000~4000pC，在柱Ⅱ下端部收到明显超声信号。取油样分析，在线监测处有乙炔含量0.56μL/L，下部乙炔含量0.13μL/L，上、中部均无乙炔。

由定位的位置尺寸，结合产品结构，初步分析判定局部放电位置为中压下部柱间"手拉手"连线靠近柱Ⅱ出头附近。另在中压出线装置均压球区域也可能存在疑似放电点。

2. 返厂检查情况

（1）吊罩前试验。吊罩前测量夹件对地、铁芯对地、铁芯对夹件绝缘电阻，无异常。具体为夹件对地：17.2GΩ；铁芯对地：18.2GΩ；铁芯对夹件：13.4GΩ。

（2）吊芯检查。

1）油箱检查：检查油箱四周外表面、箱盖内表面、箱壁内表面、箱底，均未发现明显异常。

2）引线检查：检查中压出线铝管表面绝缘、铝管内外表面、等电位连接、铜编织线表面，未见异常；检查上、下部"手拉手"连线表面绝缘、铝管表面、等电位连接、引线连接、线圈出头，未见异常。

3）器身外围屏及盒子撑条检查：拆除器身外围屏，检查围屏纸板内外表面无异常、盒子撑条表面无异常，将盒子撑条表面的丹尼松纸全部剥除进行X光检测，未见异常。

3. 器身拆卸

柱Ⅱ外部围屏拆除后，通过手电和内窥镜查看，在AK21下出头向右4挡位置（红圈处）内发现有黑色带状物，使用卷尺测距，该黑色带状物距离器身表面约580mm，位于中压绕组内径侧下方，如图1-1-1所示。

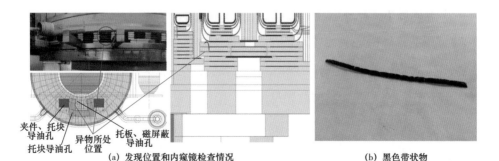

夹件、托块
导油孔　异物所处
托块导油孔　位置
托板、磁屏蔽
导油孔

(a) 发现位置和内窥镜检查情况　　　(b) 黑色带状物

图1-1-1 黑色带状异物发现位置和内窥镜检查情况

中压绕组拔出后，将中压内径侧正角环逐个拆下，检查至第4层正角环时，发现第22挡位置角环下表面R角旁有约15mm×10mm大小黑色放电痕迹，对应的端圈垫块上有少许黑色放电痕迹，对应的端圈纸圈上、下表面有约15mm×10mm大小黑色放电痕迹，该放电痕迹与黑色异物发现位置相符。异物对应位置放电痕迹如图1-1-2所示。

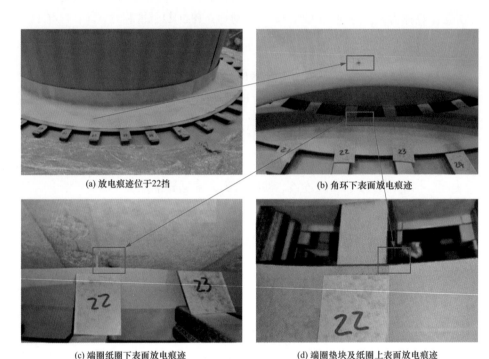

(a) 放电痕迹位于22挡　　　　　　　　　(b) 角环下表面放电痕迹

(c) 端圈纸圈下表面放电痕迹　　　　　(d) 端圈垫块及纸圈上表面放电痕迹

图1-1-2　异物对应位置放电痕迹

4.原因分析

该产品返厂解体检查发现的带状黑色胶条来源可能为：①来自工厂内；②来自现场安装过程；③来自现场注油或热油循环管道。

该台产品在相关人员的共同见证下，依据国家标准、技术协议一次性通过全部出厂试验和型式试验，其中长时局部放电试验高、中、低均为背景局部放电，试验全过程油化结果均无异常。现场对管道、冷却器、阀门、安装法兰的橡胶进行了全面检查，未发现损伤痕迹且进行了更换，现场入箱内部检查，清洁无异常，可排除带状黑色胶条产生于厂内安装及吊芯过程中。

经对返厂的管道、冷却器、阀门、安装法兰橡胶进行检查，均未发现异常，可排除现场安装过程中导致橡胶损伤遗留至产品中。

因此，黑色带状胶条异物为现场注油或热油循环时管道清理不到位带入产品中的可能性最大。图1-1-3表示异物从外部进入到器身所在位置可能的入口。

（1）注油阶段：从油箱底部注油，油面以缓慢的速度上升，当油面上升到位置①高度时，异物可能随油流通过端圈的空挡处进入，随后漂至被发现的位置。

（2）热油循环阶段：从变压器顶部进油，下部油箱、导油盒出油进行循环，油流可能带动异物进入器身。

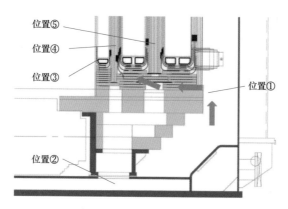

图1-1-3　异物路径模拟图

● **1.1.5　监督意见及要求**

（1）加强出厂监造验收，技术监督关口前移，提前发现并处置问题。

（2）加强现场安装调试监督，确保不因人员专业素质不够引发重大设备问题。

1.2　±800kV换流变压器手拉手等电位线绝缘破损导致异常产气分析

● 监督专业：化学　　　　● 设备类别：换流变压器

● 发现环节：运维检修　　　● 问题来源：设备制造

● **1.2.1 监督依据**

DL/T 722—2014《变压器油中溶解气体分析和判断导则》

● **1.2.2 违反条款**

依据DL/T 722—2014《变压器油中溶解气体分析和判断导则》中9.3.2的规定，总烃绝对产气率：≤12mL/天。

● **1.2.3 案例简介**

2021年2月28日，±800kV某换流站因线路故障切换运行方式，极Ⅱ换流变压器经历3min满功率运行，对极Ⅱ12台换流变压器开展离线色谱检测，极Ⅱ低YY C相换流变压器总烃涨至144.6μL/L、乙炔0.7μL/L（2月26日离线色谱总烃136μL/L，乙炔0.7μL/L），根据换流变压器总油量换算，满负荷状态下油中总烃绝对产气率为503280mL/天，DL/T 722—2014《变压器油中溶解气体分析和判断导则》要求为不大于12mL/天，其余11台换流变压器离线色谱检测结果正常。该台换流变压器在满负荷状态下产气量猛增，存在换流变压器轻瓦斯动作跳闸甚至导致换流变压器事故的风险。

● **1.2.4 案例分析**

1.事件主要经过

±800kV某换流站极Ⅱ低YY C相换流变压器自2017年6月投运后，换流变压器本体油中存在乙炔0.18μL/L。2018年6~12月，乙炔由0.2μL/L分别上升至0.4、0.6μL/L，总烃由55.3μL/L上升至87.2μL/L，总烃相对产气速率为57.7%，超出DL/T 722—2014《变压器油中溶解气体分析和判断导则》要求的10%以内，增长趋势明显。根据油中溶解气体特征性，结合三比值法（编码：022）判断：换流变压器内部存在高温过热（高于700℃）。

结合停电试验、带电检测数据、潜油泵运行情况等排除部分可能的发热部位后，根据外省同型号换流变压器套管发生故障的案例，怀疑由于拉杆系统接触不良导致内部发热。

2019年3月停电对极Ⅱ低YY C相换流变压器进行了拉杆系统更换工作。滤油后，绝缘油中乙炔含量为0μL/L，总烃含量为0.6μL/L，符合交接标准。

2019年5月开始，极Ⅱ低YY C相换流变压器内部重新出现乙炔。2019年12月5日~2020年2月26日期间，乙炔由0.3μL/L上升至0.5μL/L，总烃由35μL/L上升至61.3μL/L，总烃相对产气速率为28.1%，超出DL/T 722—2014《变压器油中溶解气体分析和判断导则》的要求。

2020年7月15日~8月19日，负荷升至5000MW，极Ⅱ低YY C相换流变压器本体油中溶解气体增长迅速，乙炔由0.7μL/L上升至0.9μL/L，总烃由77.9μL/L上升至123.2μL/L，总烃相对产气速率为58.1%，超出DL/T 722—2014《变压器油中溶解气体分析和判断导则》的要求。

综合分析极Ⅱ低YY C相换流变压器历次乙炔、总烃增长规律，判断换流变压器内部溶解气体增长与负荷存在较大关系。2020年7~8月大负荷期间，采取限负荷的方式，将负荷限制在5000MW以下，5000MW负荷仅维持3天。

2020年8月后，可能由于换流变压器内部绝缘材料的吸附作用以及油温的变化，油中乙炔、总烃含量稍有下降。

2020年12月6日~2021年2月14日，总烃由116.2μL/L上升至136.6μL/L，乙炔保持在0.7μL/L，总烃含量明显增长。

另外，多次在分接开关挡位动作前后取样，对比发现分接开关动作对油中溶解气体增长无明显影响。

2.试验数据分析

（1）离线油色谱数据及特征分析。

1）拉杆系统更换前。拉杆系统更换前油中溶解气体含量变化趋势图如图

1-2-1所示。拉杆系统更换前，极Ⅱ低YY C相换流变压器本体油中溶解气体经过了两次较大的增长。

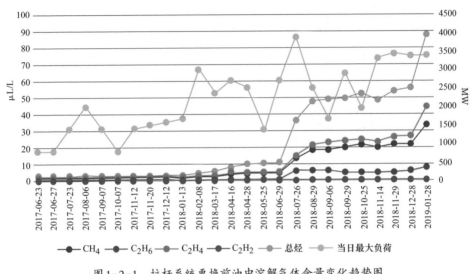

图1-2-1 拉杆系统更换前油中溶解气体含量变化趋势图

第一次增长：2018年6月29日~8月29日，总烃增长主要体现为甲烷（CH_4）和乙烯（C_2H_4）增长，符合高温过热的缺陷特征。三比值编码为002（根据2018年8月22日数据计算），为高温过热的故障特征。第二次增长：2018年12月28日~2019年1月28日，总烃乙炔（C_2H_2）含量显著增长，主要体现为甲烷和乙烯增长，三比值编码为022（根据2019年1月28日数据计算），两次增长CO、CO_2含量无显著增长，判断过热不涉及固体绝缘材料。

根据油中溶解气体特征性，结合特征气体判断法、三比值法判断：拉杆系更换前换流变压器内部存在高温过热（高于700℃）。

2）拉杆系统更换后。选取极Ⅱ低YY C相换流变压器2020年1月10日、2020年3月11日、2020年6月6日、2020年8月19日四个不同时间点油中溶解气体含量数据，三比值编码均为022，故障类型为高温过热（高于700℃）。

特征气体主要表现为甲烷、乙烯的增长，存在少量的乙炔，负荷高温过热的故障特征。由于CO、CO_2含量无显著增长，判断过热不涉及固体绝缘材料。拉杆系统更换后与更换前产气特征一致。

3）拉杆系统更换前后对比分析。拉杆系统更换前，2018年7~8月、2018年12月~2019年1月，油中溶解气体两次大幅增长。2018年8~11月烃类气体增长较为平稳，计算计算总烃平均增长值为3.5μL/（L·月）。

拉杆系统更换后，2019年6~8月油中溶解气体发生较大增长，此后，2019年8月~2020年7月，烃类气体保持稳定的速率呈线性增长，计算2019年8月~2020年7月总烃平均增长值为6.3μL/（L·月）。2020年7~8月负荷高峰期，总烃平均增长值为23.6μL/（L·月）。

对比可以看出，拉杆系统更换前后，在发热点较稳定的情况下，更换后总烃增长速率更快，尤其是2020年7、8月负荷高峰期，增长速率明显加快。换流变压器内部存在高温过热，且随着时间过热情况有所加剧。

（2）带电检测数据。2020年8月19日，对极Ⅱ低YY C相换流变压器进行了红外测温、紫外检测、铁芯及夹件接地电流检测、主变压器局部放电等带电检测工作，均未发现异常。

（3）其他试验数据及特征分析。2019年3月拉杆系统更换后，电气试验班对极Ⅱ低YY C相换流变压器进行了全套交接试验项目，试验结果合格；2019年2月极Ⅱ低YY C相换流变压器调压开关简化及色谱数据试验，油耐压、介质损耗、微水均在合格范围内。调压开关为普通型调压开关，非真空调压开关，油色谱数据并无标准规定；2020年7月~2021年2月，两次油中溶解气体突增前后，油色谱在线监测装置数据与离线色谱数据基本吻合，气体特征一致。

3.现场检查与处理

2021年换流站年度检修期间，更换了产气异常的极Ⅱ低YY C相换流变压器，之后开展进人检修。相关情况如下：对阀侧绕组上、下部并联引线（"手拉手"位置）剖开检查，发现下部并联引线的下屏蔽铝管等电位线线鼻处有烧蚀痕迹，如图1-2-2所示；线鼻与并联引线搭接处有烧蚀痕迹，如图1-2-3所示；其余部位未见异常。

(a) 下部并联引线的下屏蔽铝管

(b) 拆开下屏蔽铝管

图 1-2-2　下部并联引线的下屏蔽铝管等电位线线鼻有烧蚀痕迹

(a) 内部引线

(b) 烧蚀痕迹

图 1-2-3　下部并联引线对应位置有烧蚀痕迹

　　换流变压器阀侧两柱绕组间的电气连接通过"手拉手"结构实现，承载电流的并联引线外有直径100mm的屏蔽铝管，由上、下两半组成，等电位线将引线、屏蔽管可靠连接。屏蔽管扩大了导体的曲率半径，改善引线表面电场分布，降低局部放电风险。如图1-2-4所示，通过对矩形的并联引线上下绑扎绝缘垫块使其处在屏蔽铝管中间位置。

　　等电位线的固定位置焊接在屏蔽铝管的侧边而非最低点，本台换流变压器等电位线的线鼻由上往下连接至固定点，如图1-2-5所示，加上并联引线可能存在向下偏移，导致与等电位线线鼻间隙过小，在运行中振动，导致引线绝缘局部破损，发生金属性短路接触。

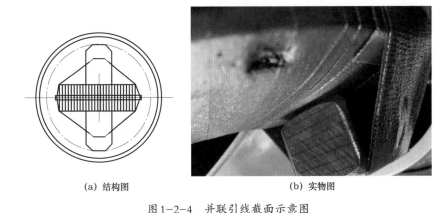

(a) 结构图   (b) 实物图

图1-2-4 并联引线截面示意图

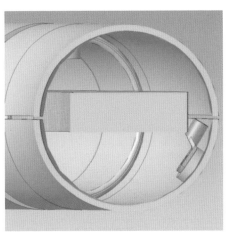

(a) 示意图   (b) 结构图

图1-2-5 等电位线线鼻与绕组并联引线搭接点位置

运行中，等电位线中流过环流，并在绕组并联引线与线鼻搭接处因接触电阻过大产生过热。过热产生大量CH_4（甲烷）、C_2H_4（乙烯）以及少量H_2（氢气）、C_2H_2（乙炔）。由于局部过热尚未发展到外部固体绝缘介质，故CO（一氧化碳）、CO_2（二氧化碳）组分未见明显增长，与色谱数据及分析情况一致。

● **1.2.5 监督意见及要求**

（1）在设备经历大负荷或不良工况时，应结合各项工作加强特巡，加强油中溶解气体分析，持续跟踪设备状况，尽早发现设备问题。

（2）加强出厂监造验收，技术监督关口前移，提前发现并处置问题。

1.3 500kV变压器高压套管绝缘纸褶皱导致内部放电分析

- 监督专业：电气设备性能
- 设备类别：变压器
- 发现环节：运维检修
- 问题来源：设备制造

● 1.3.1 监督依据

DL/T 664—2016《带电设备红外诊断应用规范》

Q/GDW 1168—2013《输变电设备状态检修试验规程》

● 1.3.2 违反条款

（1）依据DL/T 664—2016《带电设备红外诊断应用规范》中的规定，高压套管中局部发热，温差2~3K时的故障特征为局部放电故障，油路或气路的堵塞。

（2）依据Q/GDW 1168—2013《输变电设备状态检修试验规程》中5.7的规定，高压套管例行试验项目介质损耗因数不超过0.7%。

（3）依据Q/GDW 1168—2013《输变电设备状态检修试验规程》中5.7的规定，高压套管诊断性试验项目油中溶解气体分析，氢气不超过140μL/L（注意值），甲烷不超过40μL/L（注意值），乙炔不超过10μL/L（注意值）。

● 1.3.3 案例简介

2019年10月，检修单位对某500kV变电站全站红外检测时，发现4号主变压器三相高压套管温度无异常，将军帽温度无异常，但A相套管储油柜底部（27℃）温度比B、C相（B相24.5℃，C相24.1℃）高2~3K，如图1-3-1

所示。对4号主变压器进行高频局部放电、铁芯夹件接地电流测量、本体绝缘
油试验，均未发现异常。

(a) A相   (b) B相   (c) C相

图1-3-1 三相高压套管红外图像

该高压套管型号为GOE 1675-1300-2500-0.6，2014年7月出厂，额定电
容为460pF，额定介质损耗因数tanδ为0.37%。

● 1.3.4 案例分析

1.试验数据分析

2019年10月10日，对500kV 4号主变压器进行首检例行试验，绝缘电
阻、绕组连同套管介质损耗、直流电阻试验均正常，但套管试验过程中发现
主变压器A相高压侧套管介质损耗值超出0.7%的标准，与交接值和相间值比
较均明显增大，见表1-3-1。

▼ 表1-3-1   A相高压套管介质损耗试验数据记录

tanδ	tanδ（交接值）	增长率	C_x（pF）	C_x（pF）（交接值）	增长率
0.776%	0.216%	259.3%	458.7	453.5	1.15%

对套管绝缘油进行油色谱分析，发现A相高压套管氢气、甲烷、乙烯、
乙烷、乙炔、总烃均异常增大，见表1-3-2。采用三比值法对油色谱试验数据
进行分析，得到的三比值法编码为110，判断套管内部可能存在电弧放电。结

合特征气体分析法，氢气、甲烷和乙炔增多，怀疑是油和纸中电弧或者局部放电所致，经过一定时间积累导致绝缘油污染变质，从而造成套管介质损耗增大。

▼ 表1-3-2　　　　　A相高压套管绝缘油色谱数据记录　　　　　　　μL/L

氢气H$_2$	一氧化碳CO	二氧化碳CO$_2$	甲烷CH$_4$	乙烯C$_2$H$_4$	乙烷C$_2$H$_6$	乙炔C$_2$H$_2$	总烃
23358	257.3	616.5	1645.1	3.8	434.3	2.9	2086.1

2.解体情况分析

（1）解体前试验及数据分析。2019年11月，在厂内对A相高压套管进行解体检查，解体前对套管进行油化试验（局部放电前：微水、油色谱、油介质损耗、油耐压；局部放电后：微水、油色谱、油介质损耗）、工频局部放电耐压试验以及高压介质损耗试验。

工频局部放电耐压试验数据记录见表1-3-3。加压至240kV开始出现5pC的局部放电信号，260kV局部放电量突增至68pC，后续局部放电量保持在60～70pC，直至降压至140kV局部放电消失，局部放电信号无明显特征峰，如图1-3-2所示。

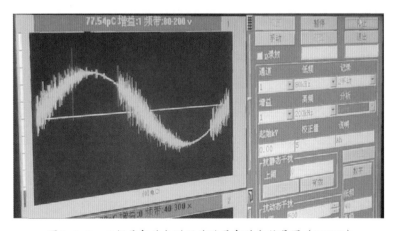

图1-3-2　工频局部放电耐压试验局部放电信号图（300kV）

▼ 表1-3-3　　　　　工频局部放电耐压试验数据记录（背景约1.01pC）

施加电压（kV）	240	260	500	550	600	600	600	500	220	177	160	150	140
局部放电量（pC）	5	68	50	49	62	59	62	63	64	48	24	12	1

　　高压介质损耗试验数据记录见表1-3-4。介质损耗值超出0.7%的标准，且介质损耗值随电压增大逐渐增加，电压上升与下降曲线在低压段重合性较差，表明套管内部存在绝缘劣化现象。

▼ 表1-3-4　　　　　　　高压介质损耗试验数据记录

电压（kV）	10	50	100	200	250	300	318
tanδ（升压）	—	—	0.819	0.88	0.915	0.92	0.918
tanδ（降压）	0.689	0.799	0.833	0.91	0.924	0.918	0.918

　　对局部放电前后套管绝缘油进行取样后油化试验分析，见表1-3-5。发现局部放电前油色谱的试验数据与现场基本一致，与现场试验结果相比，各特征气体含量均存在一定的下降现象，可能是由于温度降低、运输等原因导致气体析出所致。局部放电后套管绝缘油中气体成分均有所增长，局部放电前后油色谱三比值编码均为110，与现场一致，判断套管内部可能存在电弧放电。

▼ 表1-3-5　　　　高压套管局部放电前后油色谱数据记录　　　　　　μL/L

节点	氢气H_2	一氧化碳CO	二氧化碳CO_2	甲烷CH_4	乙烯C_2H_4	乙烷C_2H_6	乙炔C_2H_2	总烃
局部放电前	16319.97	223.08	472.78	385.86	2.97	385.01	2.38	776.22
局部放电后	29937.04	571.25	624.67	781.99	6.11	781.10	4.81	1574.01

　　（2）解体检查。将套管进行解体，其内部主要由主屏和端屏两种电容

屏组成，采用多层油浸绝缘纸作为绝缘。对将军帽、瓷套和电容芯子外部检查，立式状态下卸除压紧力，依次拆卸顶部密封螺钉、顶部螺母、储油柜、软连接、压簧装置、上侧瓷套。拆卸过程中检查压紧力、顶部密封螺钉紧固力矩、顶部螺母装配高度尺寸，各项数值正常。储油柜内部未发现明显受潮痕迹。检查上侧瓷套内表面、下侧瓷套、载流底板及接地TA筒，未发现放电痕迹和异常现象。对电容芯进行检查，末屏引线焊接良好，未发现放电痕迹。逐层解剖电容芯，前24层主电极屏之间的主屏、端屏、纸层上均未发现放电痕迹。

拆卸至靠近零屏（导电管）时，发现绝缘纸上黏性逐渐增大，靠近零屏的第三层绝缘纸出现大量黏稠蜡状物，如图1-3-3所示。黏稠蜡状物呈规律性条形分布，越靠近零屏（导电管）量越多。厂家确认附着物为X-蜡（$C_{2n}H_{4n+2}$，碳氢聚合物，是由矿物变压器油在较高电能或热能下形成的不溶于油的碳氢聚合物，是局部放电的结果）。

图1-3-3 导流管和绝缘纸表面附着的X-蜡

（3）原因分析。根据试验及解体情况，初步分析导致该500kV主变压器A相高压套管储油柜底部发热、介质损耗超标及油色谱异常的原因。

由于厂内工艺的原因（涂胶工艺、静置、干燥、绝缘纸转绕等），造成绝缘纸褶皱，形成空腔、小气泡、电场不均匀等局部缺陷，在运行中发生局部放电产生氢气和X-蜡，X-蜡由于具有不溶性和黏稠性，附着在固定位置不易迁移，使X-蜡发生堆积，从而进一步制造空腔、小气泡以及电场畸变，造成内部局部放电增大，形成恶性循环。同时，X-蜡的形成会造成介质损耗值升高，套管发热增多。套管绝缘油热循环路径如图1-3-4所示，套管内热油通过导流管从顶部流出，再沿上瓷套流下进行散热，形成循环。套管内部发热增多，热油从导流管顶部流出时（导流管顶部位于储油柜底部位置），储油柜底部红外温度也会偏高。

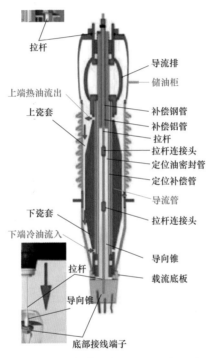

图1-3-4 套管绝缘油热循环路径图

● 1.3.5 监督意见及要求

（1）加强充油套管生产过程中的技术监督力度。工艺可导致内部放电产生氢气和X-蜡，X-蜡堆积导致局部放电加剧，同时X-蜡的产生使套管介质损耗增大，发热增多，并引起储油柜底部红外异常。

（2）此次缺陷诊断，发现套管储油柜底部红外异常，结合套管介质损耗异常增大可作为判断套管内部是否有X-蜡生成的间接证据，后续工作中需进一步加强套管红外测温及介质损耗测量技术监督力度，出现类似问题时，可参考本次事故分析和处理经验。

（3）X-蜡的产生会使套管内气体急剧增多，随着气体堆积，可能导致套管爆炸事故。应加强套管类设备精确红外图谱分析，尤其是套管储油柜底部红外以及套管介质损耗异常增大的情况，需密切关注，加强技术监督力度。

1.4 500kV变压器储油柜胶囊破损导致含气量异常增长分析

- 监督专业：带电检测
- 设备类别：变压器
- 发现环节：运维检修
- 问题来源：设备制造

1.4.1 监督依据

DL/T 664—2016《带电设备红外诊断应用规范》

国网（运检/3）829—2017《国家电网公司变电设备检测通用管理规定》

1.4.2 违反条款

（1）依据DL/T 664—2016《带电设备红外诊断应用规范》中附录J的规定，图J.5a）油位呈曲线，储油柜隔膜脱落。

（2）依据国网（运检/3）829—2017《国家电网公司变电设备检测通用管理规定》附表"绝缘油的试验项目、分类、周期和标准"油中含气量规定500kV变压器小于或等于3%。

1.4.3 案例简介

2019年1月7日，带电检测班对某500kV变电站主变压器进行红外测温，发现2号主变压器A相储油柜油位相对B、C相偏低，油位指示器数值也偏小，同时发现储油柜背部红外图谱分布异常，呈现上下两端温度偏低，中间温度偏高，与其他同型号储油柜区别较大，初步判断油位偏低并怀疑内部胶囊工况异常。

为进一步核实胶囊情况于25日进行了本体、储油柜内绝缘油含气量检查，发现有较大增长，28日晚停电开展本体绝缘试验，数据正常，29日上午A相储油柜开盖检查，发现胶囊破损，开口1.63m，外界空气经呼吸器过滤后与绝缘油直接接触。

1.4.4 案例分析

1.试验数据分析

（1）储油柜红外精确测温数据。2号主变压器三相储油柜红外图谱如图1-4-1所示。2号主变压器A相储油柜背面红外图谱显示油面分界线不平整，下沿为下凹型，与DL/T 664—2016《带电设备红外诊断应用规范》中"储油柜油位呈曲线，储油柜隔膜脱落"的典型图谱类似。红外区从上至下分为三层，中间温度高（11℃），上下两端低（7℃），其中上层面积明显大于B相

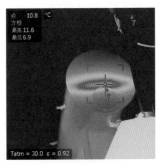
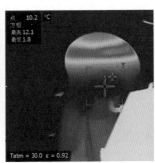
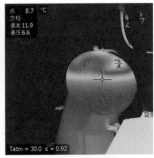

（a）A相储油柜红外图谱　　　（b）B相储油柜红外图谱　　　（c）C相储油柜红外图谱

图1-4-1　2号主变压器三相储油柜红外图谱

（C相无），从储油柜结构可以看出，下层低温区域为绝缘油，中间温度较高层为胶囊，而上层区域属于胶囊坍塌或收缩而未与储油柜壁紧密贴合造成，如果胶囊破损则该区域可能是胶囊内部空气外溢形成，如果胶囊未破损则该区域为绝缘油。同时可以发现A相中间层相对B相层较薄，且中间层左右两侧面未与储油柜壳体紧密贴合，说明胶囊未充分舒展。

该储油柜内部结构如图1-4-2所示，从储油柜内部结构可以看出：油位计指数是由胶囊下的浮子控制的，正常情况下胶囊充分舒展，胶囊浮于油面，浮子表示真实的油位，如果胶囊收缩或坍塌导致下部沉入绝缘油，则底部的浮子比油位要低导致油位计指数偏小而形成"假油位"。

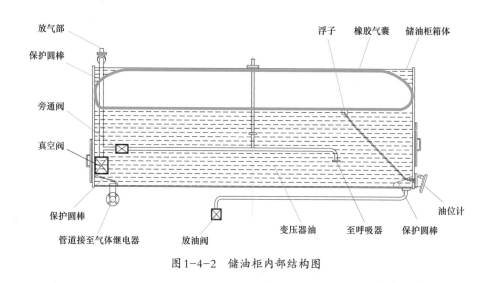

图1-4-2　储油柜内部结构图

（2）油色谱及含气量数据分析。红外图谱异常后，取储油柜内绝缘油进行含气量检测，数据见表1-4-1。绝缘油含气量大幅增长（成分主要为氮气和氧气），从1.5%增加到4.8%，已超标准（3%），而色谱、微水、油耐压等数据正常，说明变压器内部无过热而是有空气混入油体，结合以上储油柜情况分析可初步判断因胶囊破损，外界空气经呼吸器干燥过滤后与绝缘油直接接触（通过多次复测已排除取样带来的空气混入）。

▼ 表1-4-1　　　　2号主变压器A相储油柜油中溶解气体分析数据

试验日期	含量（μL/L）								含气量（%）
	CH₄	C₂H₆	C₂H₄	C₂H₂	H₂	CO	CO₂	总烃	
2018-09-26	2	0	0.4	0	24.8	121.9	643.5	2.4	1.5
2019-01-27	1.8	0.3	0.4	0	10.1	104.6	495	2.5	4.8

2.现场检查与处理

9月28日晚，停电进行了本体绝缘、介质损耗、直流电阻试验，数据合格，排除了本体异常对储油柜的影响。随后对储油柜开盖检查，发现胶囊已坍塌，将胶囊取出发现表面有1.63m开口，如图1-4-3所示。胶囊2015年9月生产，中间有层尼龙，两侧丁腈橡胶。

(a) 储油柜　　　　　　　(b) 胶囊

图1-4-3　储油柜开盖及胶囊破损情况

更换新胶囊后对变压器本体、储油柜绝缘油进行脱气处理，投运后连续跟踪红外和油含气量均数据正常，该隐患彻底消除。

胶囊破损可能存在以下原因：

（1）胶囊材质不良，局部抗拉力不足，形成应力集中起始点，经长期运行拉升、压缩，形成裂口。

（2）胶囊在安装过程中工艺控制不良，如真空注油时，呼吸口堵塞、旁通阀门关闭等造成胶囊内外压力过大破裂；安装过程中胶囊充气时，储油柜内金属构件对胶囊有钩挂、划伤。

● 1.4.5 监督意见及要求

（1）在开展变压器红外测温时，针对变压器储油柜进行精确测温诊断，并根据油位指数数据和呼吸器运行情况综合判断，如有异常，可结合绝缘油试验进一步分析。

（2）变压器储油柜现场安装时，胶囊充气、储油柜排气要严格按照流程和工艺要求进行，防止胶囊内外压力过大，并避免储油柜内金属构件对胶囊造成钩挂、划伤。

（3）出厂监造和现场验收过程中，对胶囊的材质和工艺进行充气检查。

1.5 500kV高压电抗器绝缘老化导致油色谱、含气量、介质损耗异常分析

- ● 监督专业：化学
- ● 发现环节：运维检修
- ● 设备类别：高压电抗器
- ● 问题来源：设备制造

● 1.5.1 监督依据

GB/T 7595—2017《运行中变压器油质量》

DL/T 722—2014《变压器油中溶解气体分析和判断导则》

Q/GDW 1168—2013《输变电设备状态检修试验规程》

● 1.5.2 违反条款

（1）依据Q/GDW 1168—2013《输变电设备状态检修试验规程》7.1中表98要求，运行中电抗器绝缘油中含气量注意值不大于5%。

（2）依据GB/T 7595—2017《运行中变压器油质量》中表1的要求，运行中绝缘油介质损耗注意值不大于2%。

● 1.5.3 案例简介

2019年11月，带电检测班对某交流500kV变电站主变压器及高压电抗器进行含气量分析时，发现500kV岗艾线高压电抗器A、B、C相三相含气量分别为7%、6.3%、4.5%，超出或接近Q/GDW 1168—2013《输变电设备状态检修试验规程》要求的注意值5%。

2020年8月5日，该电抗器进行油品质量分析发现，A相油介质损耗值为1.35%（90℃），B相油介质损耗值为1.12%（90℃），C相油介质损耗值为1.66%（90℃）三相绝缘油介质损耗值均接近GB/T 7595—2017《运行中变压器油质量》要求的注意值2%。

此外，该高压电抗器A、B、C三相绝缘油总烃都处于持续增长中，8月5日最近一次油色谱数据显示：A相总烃143.1μL/L、B相总烃91.6μL/L、C相总烃140.7μL/L，三相总烃数据都已接近DL/T 722—2014《变压器油中溶解气体分析和判断导则》要求的150μL/L。

该高压电抗器于1988年6月投运，至2019年投运已超过32年，属于老旧设备。投运以来，A、B、C三相总烃都处于持续缓慢增长状态。A相于2002年3月、2005年4月、2008年3月总共进行了三次滤油，B、C相于2002年3月、2008年3月总共进行了两次滤油。滤油原因分别是总烃含量较高（2002年3月）和含气量超标（2005年4月和2008年3月）。

● 1.5.4 案例分析

1.试验数据分析

岗艾线高压电抗器三相最近一次油色谱数据见表1-5-1。三相油中溶解气体变化趋势图如图1-5-1所示。

▼ 表1-5-1　　　　　　岗艾线高压电抗器三相最近一次油色谱数据　　　　　　μL/L

相别	项目							
	时间	甲烷	乙烷	乙烯	乙炔	氢气	一氧化碳	二氧化碳	总烃
A相	2020-08-05	24.3	5.3	113.5	0	10.2	1258.1	7463	143.1
B相	2020-08-05	38	6.8	46.8	0	7.7	1277.4	7919.6	91.6
C相	2020-08-05	66.3	11.3	63.1	0	7.2	1180.7	6907.1	140.7

根据表1-5-1可知，三相电抗器总烃含量异常增长，主要由于甲烷和乙烯含量增长明显引起，气体特征符合过热的缺陷特征。三相三比值对应编码均为021，为中温过热（300~700℃）。

根据图1-5-1可知，三相中温过热为持续性缺陷，尤其B、C相，总烃产气速度几乎保持稳定，总烃含量呈线性增长。

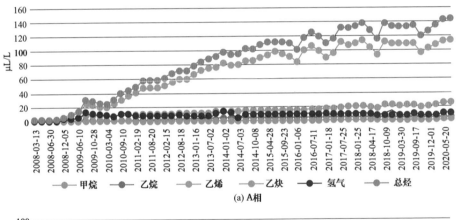

(a) A相

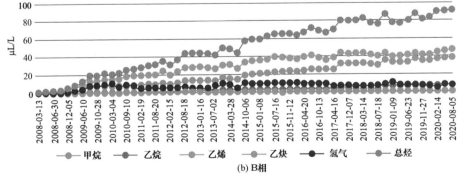

(b) B相

图1-5-1　三相油中溶解气体变化趋势图（一）

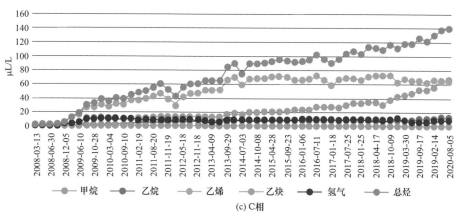

图1-5-1 三相油中溶解气体变化趋势图（二）

2.含气量及油品质量分析

该站高压电抗器三相绝缘油简化及含气量数据见表1-5-2。

▼ 表1-5-2 三相绝缘油简化及含气量数据

相别	酸值 （mgKOH/g）	水溶性酸 （pH值）	介质损耗 （%，90℃）	耐压 （kV）	微水 （mg/L）	含气量 （%）
A相	0.018	5.9	1.35	58.1	8.6	7
B相	0.016	5.98	1.12	58.7	11.7	6.3
C相	0.017	5.92	1.66	59.6	12.6	4.5

引起变压器油介质损耗升高的因素有以下6方面：

（1）绝缘油老化。绝缘油老化初期，生成低分子有机酸和过氧化物，受到电场影响，最终生成带电荷的离子，使得油介质损耗值升高。伴随着氧化作用的加剧，产生了聚合、缩合反应，导电性较好的小分子，生成导电性较差的高分子，当油中出现油泥，此时介质损耗值达到最大。

（2）混油。两种及以上油质混合时，油介质损耗值会升高，在变压器油中掺杂机械油、润滑油等对介质损耗会产生很大的影响。

（3）污染。当变压器油中混入杂质、金属离子、极性化合物后，将和油质分子形成胶质物，增加导电性，使变压器油介质损耗值升高。

（4）金属离子。变压器的油泵轴、叶轮等磨损，或暴露在外的铜引线腐蚀，绕组铜导线烧毁等都会使铜离子渗入油中，导致介质损耗值显著上升。

（5）含水量。变压器油中水含量较低时，对油介质损耗值影响较小，含水量增多时，会引起油介质损耗值的显著上升，在含水量大于某个峰值时，油介质损耗值会急剧增加。

（6）微生物污染。人工检修时，可能有一部分微生物进入油中，由于油本身酸碱度适中，微生物存活，导致绝缘油生成胶体，介质损耗值升高。

结合微水数值合格以及高压电抗器运行实际情况，且油中溶解的二氧化碳数值较高（绝缘老化的特征），判断由于高压电抗器内部绝缘材料老化，导致油介质损耗值升高的可能性较大。为排除金属离子的影响，建议补充铜离子含量试验。

根据2019年11月含气量数据，A、B相含气量超标，C相含气量接近注意值。该三相高压电抗器曾在2008年以前出现过含气量超标的情况，在2008年3月停电检修并进行滤油，滤油后含气量再次超标，表明高压电抗器密封性不佳，导致空气进入电抗器内部。

3.综合分析

该站高压电抗器A、B、C相自1988年6月投运，投运后总烃含量持续异常增长。从2008年3月滤油后至今，A、C相总烃含量分别达到了143.1、140.7μL/L，即将超出注意值150μL/L，气体主要成分为甲烷、乙烯，根据特征气体法、三比值法，符合中温过热的特征。A、B、C相油介质损耗含量异常增长，接近注意值2%，可能为设备绝缘材料老化的特征。

该站A、B、C相高压电抗器历史上，在2008年前出现含气量超标，2008年3月滤油后，含气量再次增长，2019年检测A、B、C相分别为7%、6.3%、4.5%，超过或者接近规程标准要求。表明设备存在密封性不严的可能性。

1.5.5　监督意见及要求

（1）运行超过30年老旧电抗器存在绝缘老化、内部过热、密封不严等一系列问题时，滤油无法从根本上解决问题，可根据系统需求对电抗器进行更换或拆除退出运行，消除电网风险。更换或拆除退出运行前继续缩短油色谱检测周期进行跟踪，结合油色谱在线监测装置数据持续监测，关注设备缺陷发展动态。

（2）对于其他电抗器出现特征气体增长速率过快，总烃数值增长较快或数值较大，应停电处理。

1.6　500kV高压电抗器油色谱、介质损耗、糠醛异常分析

- 监督专业：化学
- 设备类别：高压电抗器
- 发现环节：运维检修
- 问题来源：设备制造

1.6.1　监督依据

GB/T 14542—2017《变压器油维护管理导则》

DL/T 596—1996《电力设备预防性试验规程》

DL/T 722—2014《变压器油中溶解气体分析和判断导则》

1.6.2　违反条款

（1）依据GB/T 14542—2017《变压器油维护管理导则》中要求，运行中绝缘油介质损耗注意值不大于2%。

（2）依据DL/T 596—1996《电力设备预防性试验规程》对运行15～20年变压器糠醛限值为0.75mg/L。

（3）依据DL/T 722—2014《变压器油中溶解气体分析和判断导则》要求

的总烃不大于150μL/L。

● 1.6.3 案例简介

2020年8月1日，对某交流500kV变电站进行油品质量分析时，发现该站高压电抗器A相油介质损耗高压为2.092%（90℃），超出GB/T 14542—2017《变压器油维护管理导则》要求的注意值2%。

8月3日，对该站高压电抗器A相重新取样进行了介质损耗、金属含量、糠醛含量、酸值、界面张力、水溶性酸、闭口闪点、体积电阻率、油泥析出等试验项目。介质损耗值复测为2.182%，与第一次结果保持一致。糠醛含量0.817mg/L，参考DL/T 596—1996《电力设备预防性试验规程》对运行15~20年变压器糠醛限值为0.75mg/L（未对20年以上变压器糠醛限值作要求），超出标准。体积电阻率为$1.04 \times 10^{10} \Omega \cdot m$，接近注意值$1 \times 10^{10} \Omega \cdot m$，其他试验项目合格。

7月28日最近一次油色谱数据显示：该站高压电抗器A相总烃85.4μL/L，B相总烃55.4μL/L、氢气229.3μL/L，C相总烃160.8μL/L，三相总烃数据偏高或已经超过DL/T 722—2014《变压器油中溶解气体分析和判断导则》要求的150μL/L，B相氢气超出注意值150μL/L。

该站高压电抗器1988年6月投运，2001年至今大修2次，其中B相已于2005年更换，B相高压电抗器氢气从2008年开始长期超标，A相总烃数据偏高，C相总烃数据超标。

此外对该站高压电抗器A、B、C三相进行色谱检测中发现A相和C相甲烷、乙烯及总烃有不同程度的增加，C相总烃160.8μL/L，超出注意值。B相氢气229.3μL/L，超过注意值150μL/L，且均有缓慢上涨趋势。

● 1.6.4 案例分析

1.试验数据分析

（1）该站高压电抗器A相、C相油谱数据分析。该站电抗器A相、C相色谱数据见表1-6-1和表1-6-2。

▼ 表1-6-1　　　　　　　　　　该站高压电抗器A相色谱数据　　　　　　　　　μL/L

检测时间	甲烷	乙烷	乙烯	乙炔	氢气	一氧化碳	二氧化碳	总烃
2017-12-05	43.9	15.5	21.6	0	3.5	514.7	3875.7	81.0
2018-08-24	46.5	16.2	21.0	0	4.7	497.6	4226.5	83.7
2019-08-30	43.5	16.6	20.7	0	5.2	510.2	4028.8	80.1
2020-04-18	43.7	15.5	22.1	0	1.2	422.1	3149.4	81.3
2020-07-28	46.0	16.4	23.0	0	2.7	478.0	3842.9	85.4

▼ 表1-6-2　　　　　　　　　　该站高压电抗器C相色谱数据　　　　　　　　　μL/L

检测时间	甲烷	乙烷	乙烯	乙炔	氢气	一氧化碳	二氧化碳	总烃
2017-12-05	84.9	28.1	21.4	0	5.7	527.1	4407.8	134.4
2018-05-23	89.3	28	21	0	4.6	530.1	4367.9	138.3
2019-08-30	94.1	32.8	20.3	0	6.2	535.9	4765.0	147.2
2020-04-18	100.5	35.1	21.1	0	5.5	558.3	4564.1	156.7
2020-07-28	103.3	36.5	21.0	0	7.3	545.9	4931.5	160.8

表1-6-1、表1-6-2数据显示，该站高压电抗器A、C相总烃数据呈上涨趋势，高压电抗器C相总烃已超过注意值，其主要组分甲烷和乙烷含量增长比例较大。根据特征气体法，判断A、C相电抗器内部可能存在中、低温过热故障。

（2）该站高压电抗器B相油色谱数据分析。2017年以来，该站高压电抗器B相油色谱数据见表1-6-3。

▼ 表1-6-3　　　　　　　　　　该站高压电抗器B相油色谱数据　　　　　　　　　μL/L

检测时间	甲烷	乙烷	乙烯	乙炔	氢气	一氧化碳	二氧化碳	总烃	备注
2017-12-05	39.5	5.3	4.9	0	220.9	172.7	2448.8	49.7	滤油后
2018-01-02	39.1	5.3	4.6	0	216.8	162.6	2239.2	49	局部放电后

检测时间	甲烷	乙烷	乙烯	乙炔	氢气	一氧化碳	二氧化碳	总烃	备注
2018-08-24	40.9	5.4	5.3	0	185.6	151.8	2819.1	51.6	
2019-08-31	43.7	7.1	4.9	0	212.6	168.5	2997.6	55.7	
2020-04-18	46.3	7.0	5.1	0	202.4	148.2	2321.1	58.4	
2020-07-28	44.9	5.7	4.8	0	229.3	174.6	3046.5	55.4	

表1-6-3数据显示，该站高压电抗器B相氢气229.3μL/L，查阅历史数据，高压电抗器自2006年开始，氢气异常增长，2008年开始超过注意值150μL/L。此外，总烃含量较高，主要表现为甲烷含量高，其他组分含量数据比较稳定。氢气、甲烷含量增长时间一致，皆从2006年开始，根据特征气体法，判断电抗器内部可能存在较低能量的局部放电故障。

（3）该站高压电抗器A相油品质量分析。该站高压电抗器A相绝缘油简化数据见表1-6-4。糠醛含量、体积电阻率、介质损耗接近或超出注意值。

▼ 表1-6-4　　　　该站高压电抗器A相绝缘油简化数据

项目	试验结果
金属含量（铜离子，mg/kg）	0.1
糠醛含量（mg/L）	0.817
酸值（mgKOH/g）	0.022
界面张力（mN/m）	37.2
水溶性酸（pH值）	5.19
闭口闪点（℃）	151
体积电阻率（Ω·m，90℃）	1.04×10^{10}
油泥析出	—
介质损耗值（%，90℃）	2.092
耐压（kV）	59.1
微水（mg/L）	9.8

引起变压器油介质损耗值升高的因素包括以下6个方面：

（1）绝缘油老化。绝缘油老化初期，生成低分子有机酸和过氧化物，受到电场影响，最终生成带电荷的离子，使得油介质损耗值升高。伴随着氧化作用的加剧，产生了聚合、缩合反应，导电性较好的小分子，生成导电性较差的高分子，当油中出现油泥，此时介质损耗值达到最大。

（2）混油。两种及以上油质混合时，油介质损耗值会升高，在变压器油中掺杂机械油、润滑油等对介质损耗会产生很大的影响。

（3）污染。当变压器油中混入杂质、金属离子、极性化合物后，将和油质分子形成胶质物，增加导电性，使变压器油介质损耗值升高。

（4）金属离子。变压器的油泵轴、叶轮等磨损，或者暴露在外的铜引线腐蚀，绕组铜导线烧毁等都会使铜离子渗入油中，导致介质损耗值显著上升。

（5）含水量。变压器油中水含量较低时，对油介质损耗值影响较小，含水量增多时，会引起油介质损耗值的显著上升，在含水量大于某个峰值时，油介质损耗值会急剧增加。

（6）微生物污染。人工检修时，可能有一部分微生物进入油中，由于油本身酸碱度适中，微生物存活，导致绝缘油生成胶体，介质损耗值升高。

结合铜离子含量、微水数值合格，糠醛含量超标，以及高压电抗器实际情况，判断由于高压电抗器内部绝缘材料老化，导致油介质损耗值升高、体积电阻率降低、糠醛含量增长。

2.综合分析

该站高压电抗器A、C相总烃含量持续异常增长，其中C相超出注意值150μL/L，气体主要成分为甲烷、乙烯、乙烷，符合中低温过热的特征。A相油介质损耗、糠醛、体积电阻率异常，符合绝缘材料老化的特征。

该站电抗器B相氢气含量超过注意值，并呈现缓慢增长趋势，甲烷增长明显，推断内部存在能量密度较小的局部放电故障。

● 1.6.5 监督意见及要求

（1）高压电抗器投运已超过32年，三相内部均存在过热或放电缺陷，A相绝缘材料老化严重，认为滤油无法从根本上解决问题。尽快对三相电抗器进行更换或退出运行。更换或退出运行前继续缩短油色谱检测周期进行跟踪，结合油色谱在线监测装置数据持续监测，关注设备缺陷发展动态。

（2）对于其他高压电抗器出现特征气体增长速率过快，总烃数值增长较快或数值较大，应停电处理。

1.7 ±500kV换流变压器注油工艺不标准导致油中氢气异常分析

● 监督专业：变电检修　　　● 设备类别：换流变压器
● 发现环节：运维检修　　　● 问题来源：检修工艺

● 1.7.1 监督依据

DL/T 722—2014《变压器油中溶解气体分析和判断导则》
Q/GDW 1168—2013《输变电设备状态检修试验规程》

● 1.7.2 违反条款

依据Q/GDW 1168—2013《输变电设备状态检修试验规程》中7.1的规定，绝缘油例行试验项目表98中变压器油中含气量注意值：≤3%（500kV）。

● 1.7.3 案例简介

2018年4月1~9日，对某±500kV换流站P1-Y/Y-C、P1-Y/D-B、P2-Y/D-A、P2-Y/D-B、P2-Y/D-C五台换流变压器进行了储油柜胶囊及存在问题的气体继电器、压力释放阀、顶部截止阀和潜油泵更换等工作。检修中将换流变压器本体油位排至油箱顶部以下200mm处（器身未露空），更换工作完成后，通过储油柜缓慢注油方式（二次补油法）完成补油。投运后，油中氢气含量数据异常，且持续增长。

换流变压器型号为TCH 146DR，容量为283.7MVA，采用强迫油循环风冷，为有载调压式单相双绕组型式，2004年投运。

● 1.7.4 案例分析

1.事件主要经过

2018年4月14日，上述五台换流变压器油中氢气含量数据异常，分别为132、66、49、134、248μL/L。4月20日，P1-Y/Y-C、P1-Y/D-B、P2-Y/D-B、P2-Y/D-C四台换流变压器油中氢气含量继续增长，且产气速率有增大趋势，油中氢气含量分别达到217、202.8、391.6、380.6μL/L，且在P1-Y/Y-C、P2-Y/D-B套管升高座底部带电检测到超声局部放电信号。

2.现场检查与处理

（1）现场对P1-Y/Y-C、P2-Y/D-B换流变压器开展了局部放电试验，发现P1-Y/Y-C换流变压器$0.4U_m/\sqrt{3}$电压下视在局部放电量为11000pC、P2-Y/D-B换流变压器$0.5U_m/\sqrt{3}$电压下视在局部放电量为8700pC，局部放电超标。局部放电试验时同步开展超声局部放电定位，在网侧套管升高座底部检测到异常信号，与带电检测结果相符，分析认为换流变压器网侧套管升高座内部存在油中气泡放电，导致氢气增长。

（2）4月22~28日，在制造厂商技术人员的指导下，现场按排油、抽真空、全真空注油、热油循环、静置处理的标准流程完成了5台氢气含量异常换流变压器的处置，并在中国电力科学研究院有限公司专家见证下，进行了P1-Y/Y-C、P2-Y/D-B换流变压器修后验证性局部放电试验，试验合格。

3.事故原因分析

常规变压器套管尾端伸入油箱内部较低位置，排油至油箱箱顶以下时，

尾端均压球不会露空；而该故障换流变
压器网侧套管结构存在特殊性（如图
1-7-1和图1-7-2所示），套管尾端与
升高座尺寸相近，排油时会导致套管尾
端均压球及绝缘纸露空，如按常规工艺
（二次注油法）进行补油，可能导致气泡
残留，投运后出现局部放电、单氢异常
增长现象。

4.事故结论

此次事件是一起典型的因对设备内
部结构了解不够深入造成的检修工艺不
达标设备事故，后期需加强设备内部结
构学习，深入掌握设备检修技能，严格

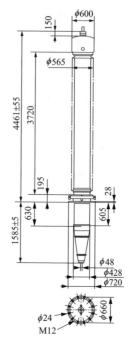

图1-7-1 换流变压器网侧高压套管
示意图

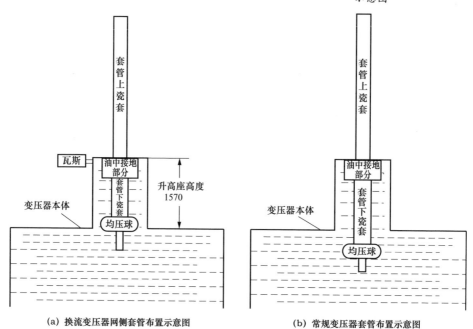

(a) 换流变压器网侧套管布置示意图　　(b) 常规变压器套管布置示意图

图1-7-2 套管布置对比图（红线为排油位置）

执行检修标准工艺。

1.7.5 监督意见及要求

（1）修订《变压器（换流变）真空注油工艺标准》，避免类似单氢异常现象再次发生。

（2）组织开展换流站检修关键工艺培训，加强与系统内兄弟单位交流，主动收集换流站设备异常处置信息，消化吸收，举一反三，切实提高换流站运检水平。

1.8 500kV主变压器因套管结构问题导致直流电阻偏大分析

- 监督专业：电气设备性能
- 设备类别：变压器
- 发现环节：运维检修
- 问题来源：设备制造

1.8.1 监督依据

Q/GDW 1168—2013《输变电设备状态检修试验规程》

1.8.2 违反条款

依据Q/GDW 1168—2013《输变电设备状态检修试验规程》中5.1.1.1的规定，油浸式电力变压器和电抗器例行试验项目表2绕组电阻：1.6MVA以上变压器，各相绕组电阻相间的差别不应大于三相平均值的2%（警示值），无中性点引出的绕组，线间差别不应大于三相平均值的1%（注意值）。

1.8.3 案例简介

2017年11月，在对某500kV变电站2号主变压器进行例行试验时，发现C相低压侧直流电阻超标，相间互差为5.62%，初值差为4.77%（Q/GDW

1168—2013《输变电设备状态检修试验规程》要求相间差不大于2%、初值差不超过±2%）。对低压绕组拆解检查，发现该套管紧固方式设计不合理，无防松动措施，套管底部黄铜与紫铜接触面接触电阻过大，引起直流电阻偏大。

● 1.8.4 案例分析

1.现场检查情况

2017年11月停电例行试验发现该主变压器C相低压侧直流电阻超标，相间互差为5.62%，初值差为4.77%（见表1-8-1）。

▼ 表1-8-1 　　2号主变压器低压直流电阻测试数据、相间互差及初值差

2号主变压器	A相	B相	C相	测试温度	相间互差
出厂值	6.660mΩ	6.324mΩ	6.327mΩ	A相：30℃ B、C相：16.5℃	
出厂值	7.791mΩ	7.795mΩ	7.799mΩ	换算至75℃	1.03%
2017年11月修前测试值	6.713mΩ	6.46mΩ	6.985mΩ	A相：34℃ B相：22℃ C相：30℃	
2017年11月修前测试值	7.736mΩ	7.792mΩ	8.171mΩ	换算至75℃	5.62%
2017年11月修前测试值与出厂值比较初值差	-0.71%	-0.04%	4.77%		

为诊断分析该主变压器C相低压侧直流电阻超标问题，将该主变压器C相进行排油检查低压绕组各连接点紧固情况（如图1-8-1所示），未发现低压绕组各连接点松动及其他异常现象，并在各连接点再次紧固后分段测量了纯套管、纯绕组、单套管带绕组的电阻（如图1-8-2所示），测量数据见表1-8-2。

图1-8-1　低压绕组各连接点紧固情况

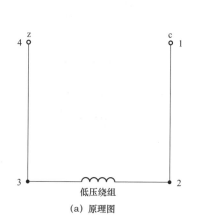

（a）原理图　　　　　　　　　　（b）实物图

图1-8-2　低压侧绕组分段标注示意图

▼ 表1-8-2　　　　　　　　　　低压侧绕组分段直流电阻测量数据

分段位置	直流电阻值（mΩ）
R_{12}纯套管	0.74
R_{34}纯套管	0.47
R_{23}纯绕组	6.28
R_{13}单套管带绕组	7.012
R_{24}单套管带绕组	6.734

注　下角标1、4指套管将军帽顶部接线桩头，2、3指低压绕组末端连接板，且主变压器排油之后，上层油温表记值失真，故没记录油温。

根据表1-8-2数据，初步怀疑R_{12}、R_{34}电阻偏大是C相低压绕组直流电阻偏大的主要原因。

2.事件原因分析

由于内部各连接点紧固情况良好，为进一步查找R_{12}、R_{34}电阻偏大的原因，对将军帽进行拆解处理，并分别测量将军帽顶部连接头恢复前后的直流电阻，测量示意图如图1-8-3所示，测量数据见表1-8-3。

(a) 恢复前　　　　　　　　　　　(b) 恢复后

图1-8-3　将军帽顶部连接头恢复前后直流电阻测量示意图

▼ 表1-8-3　　　　主变压器C相将军帽处理前后套管直流电阻对比　　　　　mΩ

项目	$R_{1'2}$	R_{12}恢复后	R_{12}拆解前
C套管	0.721	0.723	0.72

由表1-8-3可知，对将军帽进行了拆解处理，R_{12}并没有明显变化，且$R_{1'2}$与R_{12}之间也无明显差异，说明将军帽内的接触电阻不是导致R_{12}、R_{34}电阻偏大的主要因素。有必要从套管往下进一步寻找其他直流电阻偏大的部位，于是对绕组末端连接板至套管将军帽顶部接线桩头所有连接点进行进一步细分分段测量，低压侧绕组分段标注图如图1-8-4所示，测量数据见表1-8-4。

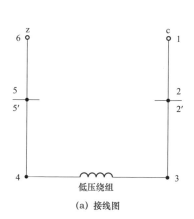

(a) 接线图　　　　　　　　　　　(b) 实物图

图1-8-4　低压侧绕组分段标注

1、6—套管将军帽顶部接线桩头；2、5—套管底部；3、4—低压绕阻末端连接板；

22′、55′—套管底部黄铜与紫铜接触面

▼ 表1-8-4　　　　　　　　　　C相修前各段直流电阻测量数据

分段位置	直流电阻值（mΩ）
R_{34}	6.28
$R_{65'}$	0.74
$R_{12'}$	0.47
R_{65}	0.022
R_{12}	0.021
$R_{22'}$	0.736
R_{16}	7.163

注　主变压器排油之后，上层油温表标记值失真，故没记录油温。

根据表1-8-4数据基本上可以判定$R_{22'}$、$R_{55'}$电阻偏大，即套管底部黄铜与紫铜接触面（如图1-8-5所示）接触电阻过大是C相低压绕组直流电阻偏大的主要原因，但缺乏历史数据作为比较参考的支撑作用，尚不能充分说明，于是对该主变压器B相低压绕组进行同样处理与诊断分析，测量数据见表1-8-5。

由表1-8-5可知，cz、by相低压侧纯绕组的直流电阻R_{34}偏差只有1.4%，

▼ 表1-8-5　　　　　　　　修前各段直流电阻测试结果

分段位置	直流电阻值（mΩ）	
	cz相	by相
R_{34}	6.28	6.371
$R_{65'}$	0.74	0.099
$R_{12'}$	0.47	0.38
R_{65}	0.022	0.026
R_{12}	0.021	0.027
$R_{55'}$	0.736	0.074
$R_{22'}$	0.467	0.368
R_{16}	7.163	6.677

注　主变压器排油之后，上层油温表标记值失真，故没记录油温。

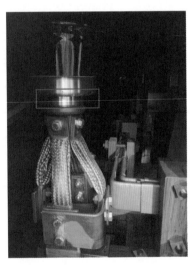

图1-8-5　套管底部黄铜与紫铜接触面

可见箱体内部的低压侧纯绕组正常；而cz、by相的$R_{22'}$、$R_{55'}$之间的电阻相差大，即可断定套管底部黄铜与紫铜接触面接触电阻过大就是C相低压绕组直流电阻偏大的原因。

3.后续处理情况

为了处理C相低压绕组直流电阻偏大问题，采取如下处理方案：拧松将军帽里头的套管底部黄铜与紫铜接触面紧固螺栓（如图1-8-6所示）；增大套管底部黄铜与紫铜接触面的缝隙，如图1-8-7（a）所示；然后采用百洁布对其接触面进行擦拭打磨使其表面无明显污秽，如图1-8-7（b）所示；然后再拧紧图1-8-6中螺栓，使其接触面接触良好，修理完成后如图1-8-7（c）所示；并在处理之后对各段电阻进行重新测量。

图1-8-6　将军帽中的紧固螺栓

（a）松开后　　　　　　　　（b）修理中　　　　　　　　（c）修理后

图1-8-7　套管底部黄铜与紫铜接触面处理过程图

经过处理后，该主变压器C相低压侧直流电阻有明显下降，相间差和同相初值差均在±2%以内，试验数据合格，该主变压器C相低压侧直流电阻偏大问题得到彻底解决。

4.事件结论

套管紧固方式设计不合理，无防松动措施，套管底部黄铜与紫铜接触面接触电阻过大，引起主变压器绕组直流电阻偏大。

● **1.8.5　监督意见及要求**

（1）由于主变压器C相低压绕组该套管结构限制，且原厂家已倒闭不再提供技术服务，本次未从根本上解决套管无防松动措施的问题，需加强投运后红外精确测温以及停电直流电阻检测分析，建立全面数据档案库，必要时申请停电对变压器箱体内部的关键接触部位进行检查，确保主变压器的安全稳定运行。

（2）检测主变压器低压绕组直流电阻异常时，应加强数据横、纵向比较综合分析，在排除测量方法和仪器影响的情况下，可通过分段检测方式的进一步诊断缺陷部位，提高检修的针对性。

1.9　500kV变压器瓦楞纸内有空腔导致局部放电异常分析

● 监督专业：电气设备性能　　● 设备类别：变压器

● 发现环节：交接试验　　　　● 问题来源：设备制造

● **1.9.1　监督依据**

GB/T 1094.3—2017《电力变压器　第3部分：绝缘水平、绝缘试验和外绝缘空气间隙》

GB 50150—2016《电气装置安装工程　电气设备交接试验标准》

● 1.9.2 违反条款

依据GB/T 1094.3—2017《电力变压器 第3部分：绝缘水平、绝缘试验和外绝缘空气间隙》中11.3.5的规定，在1h局部放电试验期间，没有超过250pC的局部放电量记录。

● 1.9.3 案例简介

某500kV 2号主变压器扩建工程A相变压器2021年12月5日现场进行交接试验时局部放电超标，返厂检查未发现问题，考虑到供货周期，对A柱上压板至线圈上端部静电板之间的绝缘件和器身上部肺叶磁屏蔽进行了更换，后试验合格出厂。2022年2月22日开展交接试验时局部放电试验再次不合格，二次返厂检修。

再次返厂检修时，拆除芯柱绝缘检查，发现靠近铁芯位置纸板有局部黑色痕迹，对A柱高、中压绕组之间瓦楞纸进行转运X光检测时发现其中一张瓦楞纸板有鼓包空腔，分析原因为瓦楞纸板局部分层部位在真空干燥过程中纸板水分汽化膨胀形成局部密闭空腔，局部放电试验时瓦楞纸板空腔内的气泡发生放电。

● 1.9.4 案例分析

1.现场交接试验情况

（1）第一次现场交接试验。2021年12月5日某500kV变压器主变压器进行现场局部放电试验，高压A相局部放电量约1000～3000pC，中压Am局部放电量约2000～6000pC，经过多次试验后，油色谱检测未发现有明显特征气体的增长，经采用中性点接地、低压单边和对称进电试验两种试验方式进行对比，同时根据超声局部放电定位判断问题点位于器身端部。现场内检后再次进行试验，局部放电量与整改前基本相同，油色谱检测未发现异常。第一次局部放电试验情况如图1-9-1所示。

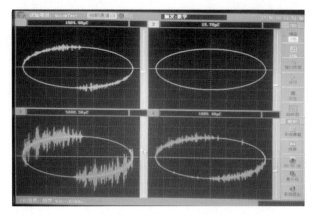

图1-9-1　第一次局部放电试验情况（1号高压、2号中压、4号低压）

（2）第二次现场交接试验。2021年12月24日产品返厂进行整改，2022年2月22日整改后产品现场再次进行交接试验，局部放电仍然超标，连续经过7天试验排查，试验现象基本一致，3月1日检测油样出现微量的乙烯（0.08μL/L）和乙炔（0.03μL/L）等特征气体，判断内部存在绝缘缺陷，决定返厂检修。第二次局部放电试验情况如图1-9-2所示。

图1-9-2　第二次局部放电试验情况（1号高压、2号中压、3号低压、4号中性点）

2.返厂检查情况

（1）第一次返厂检查。2022年12月24日，首次返厂检查，对直流电阻、变比、绝缘电阻、残油进行检测，均符合要求，对油箱内部（包括磁屏蔽及其绝缘）、器身（包括器身接地部分）、引线、铁芯、开关及其他绝缘件进行外观检查，未发现明显异常；对主柱绝缘件开展的X光检测，也未发现异常，考虑到工程供货周期，根据试验情况，现场讨论决定对A柱上压板至线圈上端部静电板之间的绝缘件和器身上部磁屏蔽进行了更换。后于2022年1月20日通过出厂试验。

（2）第二次返厂检查。2022年3月23~27日，检查器身整体、引线、铁芯上夹件、铁芯上铁轭及A柱、X柱线圈，均未发现异常。拆除芯柱绝缘检查，发现靠近铁芯位置纸板有局部黑色痕迹。检查下部端绝缘，发现旁轭下部靠近铁芯位置压板有黑色水滴状痕迹。26日对A柱高、中压绕组之间瓦楞纸进行转运X光检测时发现其中一张瓦楞纸板有鼓包空腔（宽约250mm、长1500mm）且内部存油现象（如图1-9-3所示），对内部残油取样检测，色谱数据异常。空腔内油色谱检查情况见表1-9-1。

(a) 鼓包空腔　　　　　　　　　(b) 存油现象

图1-9-3　A柱高、中压绕组之间1张瓦楞纸板存在鼓包空腔

▼ 表1-9-1　　　　　　　　　空腔内油色谱检查情况　　　　　　　　　μL/L

组分	CH_4	C_2H_4	C_2H_6	C_2H_2	H_2	CO	CO_2	总烃
结果	168.34	0.12	15.29	0	2457.18	22.42	708.69	183.75

3.原因分析

（1）局部放电异常分析。瓦楞纸板局部存在空腔，空腔内部未充满油含有空气，空气介电常数比绝缘纸板低，所承受的场强比绝缘纸板要高，空气的绝缘强度比绝缘纸板要低，因此击穿电压比绝缘纸板要低，在局部放电试验时，随着电压升高，瓦楞纸板所承受的场强逐渐升高，达到一定场强时瓦楞纸板内部的气泡被击穿放电。

根据产品结构，瓦楞纸板存在空腔的部位位于高、中压绕组之间第40至第2挡，此产品为自耦变压器，高压的尾端与中压的首端相连，瓦楞纸板空腔内的气泡放电可引起中压和中性点局部放电偏大，低压首、尾出头位于第40至第1挡间，均朝中压侧倾斜出线，与存在空腔的瓦楞纸板位于同挡位，瓦楞纸板空腔内的气泡放电也可引起低压局部放电偏大。鼓包瓦楞纸板位置示意图如图1-9-4所示。

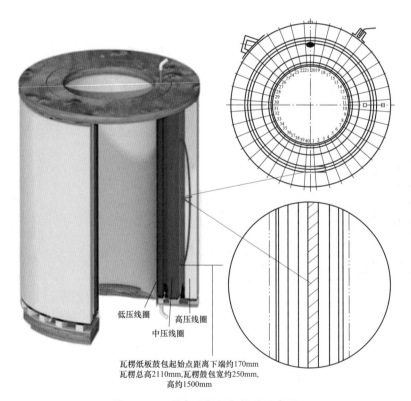

低压线圈　　高压线圈
中压线圈

瓦楞纸板鼓包起始点距离下端约170mm
瓦楞总高2110mm,瓦楞鼓包宽约250mm,
高约1500mm

图1-9-4　鼓包瓦楞纸板位置示意图

（2）出厂局部放电合格但现场局部放电不合格原因：

1）厂内器身完工后采用煤油气相干燥工艺处理，按工艺要求控制绝缘件内水分含量。总装完毕后首先进行抽真空处理，对于未浸油瓦楞纸板空腔内空气可以有效抽出，然后再真空注油，因此厂内试验不存在气泡放电，局部放电试验合格。

2）产品出厂时进行抽真空充干燥空气处理，运输和安装前存储过程中保持0.02~0.03MPa的正压力，在此期间干燥空气慢慢渗透到瓦楞纸板的空腔内。现场安装完毕后再次抽真空注油，由于变压器油表面张力作用，空腔内的气体不能完全被抽出，在现场局部放电试验时瓦楞纸板空腔内气泡发生放电，由于瓦楞纸板空腔为密闭空间，空腔内的油与产品本体油不相通，局部放电试验后油色谱无异常。

3）该台产品第一次返厂处理后再次进行了煤油气相干燥工艺处理，在总装抽真空过程中可以将瓦楞纸板空腔内的空气完全抽出。总装后再次进行真空注油处理，所以厂内试验局部放电无异常。试验合格后出厂运输时重复上述充干燥空气运输过程，所以现场局部放电试验再次出现瓦楞纸板空腔内气泡发生放电，由于经过连续7天（2月22~28日）的试验排查，瓦楞纸板内部因气泡放电累计产生的特征气体随放电次数增多及时间慢慢渗透至产品本体内，导致3月1日（从现场交接试验开始，多次取油样检测色谱无异常）本体油样检测出现微量的乙烯（0.08μL/L）和乙炔（0.03μL/L）等特征气体。

4）第二次产品返厂后，未对产品器身进行煤油气相干燥处理，厂内完全按照现场流程进行复装和试验，因此局部放电试验时瓦楞纸板空腔内发生气泡放电，局部放电不合格，通过多次超声定位（含邀请南瑞专家参与）未发现明显局部放电信号，油色谱无异常。

● 1.9.5 监督意见及要求

（1）强化监造单位对生产厂家原材料质量管控。

（2）常态化组织开展厂家原材料抽检。

1.10 500kV变压器线圈间绝缘水平不足导致线端交流耐压击穿分析

- 监督专业：电气设备性能
- 设备类别：变压器
- 发现环节：出厂试验
- 问题来源：设备制造

1.10.1 监督依据

GB/T 1094.3—2017《电力变压器　第3部分：绝缘水平、绝缘试验和外绝缘空气间隙》

《国家电网公司变电验收通用管理规定　第1分册　油浸式变压器（电抗器）验收细则》

1.10.2 违反条款

依据GB/T 1094.3—2017《电力变压器　第3部分：绝缘水平、绝缘试验和外绝缘空气间隙》中11.2的规定，感应耐压试验中，如果试验电压不出现突然下降，则试验合格。

1.10.3 案例简介

2022年7月22日上午9时左右，某新建工程500kV主变压器C相在厂内进行引线端交流耐压试验，高压侧电压升至约650kV（试验电压为680kV，持续30s）时，变压器内发生击穿故障，随即停止试验。故障发生后，厂内试验人员对该变压器取油样分析，色谱数据异常。由于本次放电故障前已完成雷电冲击、操作冲击和工频外施耐压试验，且试验后油样显示正常，可判断本次感应耐压试验过程中变压器内部有明显的放电现象。解体检查时发现调压线圈上部出头两根引线间有明显放电烧融点。

● 1.10.4 案例分析

1.现场试验情况

7月22日试验故障发生后，厂内试验人员对该变压器三次取油样分析，色谱分析乙炔量分别为：第一次本体下部0.02μL/L；第二次本体上部0.02μL/L、中部0.54μL/L；第三次本体上部0.48μL/L、中部0.68μL/L，下部0.17μL/L。由于本次放电故障前已完成雷电冲击、操作冲击和工频外施耐压试验，且试验后油样显示正常，可判断本次感应耐压试验过程中变压器内部有明显的放电现象。

故障后，对变压器进行绕组电阻测量试验和电压比测量试验，直流电阻结果变化规律不明显，电压比试验显示过电流保护，未能测量。故障前后绕组电阻测量结果见表1-10-1。

▼ 表1-10-1　　　　　　　　故障前后绕组电阻测量结果　　　　　　　Ω

测量点	高压－中性点	中压－中性点	高压－中压	低压绕组
故障前	0.19570	0.06275	0.13303	0.012145
故障后	0.19453	0.06295	0.13191	0.012189
对比	减小	变大	减小	变大

2.厂内解体情况

（1）吊芯检查。2022年7月25日先进行排油内检，内检未发现油箱内部及器身有放电痕迹。随后，吊芯检查未发现器身、引线及油箱内部的异常。最后，决定对器身进行脱油拆卸，逐步查找故障点。

（2）器身拆卸。7月28日器身经煤油气相干燥出炉。经过对器身进行冷却、泄压，做好清理和防护后拆除上夹件并拔出上铁轭；拆除线圈上压板、端圈、角环等部件。将线圈从铁芯吊出后，从线圈组装外部开始解体，依次拆除高压线圈外部纸筒、高压线圈、高中之间绝缘、中压线圈、中低之间绝缘以及各线圈端部绝缘件，并仔细检查，未发现异常。高、中压线圈拆解如图1-10-1所示。

图1-10-1　高、中压线圈拆解（未发现异常）

拆掉调压线圈外包绝缘纸后，发现调压线圈上部出头距离线圈顶部约40cm处内侧有明显黑色放电痕迹，放电点导线间纸绝缘由内向外爆开，拆除放电点外纸绝缘，发现两根引线间有明显放电烧融点，如图1-10-2所示。

图1-10-2　调压线圈导线放电点检查

继续拆除调压线圈与低压线圈之间的绝缘、低压线圈以及端部绝缘件，未发现其他放电痕迹。

3.原因分析

（1）故障点结构和位置。变压器采用单柱结构，铁芯为单相三柱式，调压线圈在主柱上。线圈排列由内向外依次为低压-调压-中压-高压，高压线圈中部出线上下并联、调压线圈上下轴向出线。

调压线圈上部出头为4组导线，每组四根换位导线，共16根换位导线一起出头，第二组线处铁芯侧外表面5挡与3挡导线间发生短路放电，但没有击穿到外侧，如图1-10-3所示。

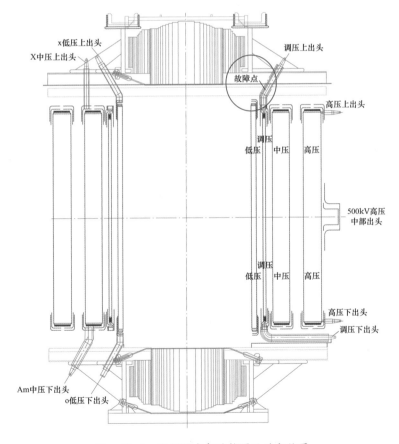

图1-10-3 变压器内部结构图及放电位置

（2）故障点耐压水平。该变压器三侧额定电压为（525/$\sqrt{3}$）/（230/$\sqrt{3}$）±2×2.5%/36kV，进行线端交流试验时，采用中性点支撑法以同时保证高压和中压线端电压达到要求，感应倍数为1.84。在高压侧电压升至680kV时，故障部位两根导线之间压差应为3.32kV×2×1.84=12.2176kV。调压线圈匝绝缘厚度为2.95mm，场强为12.0184kV/（2.95×2）=2.037kV/mm。变压器绕组常用匝绝缘纸性能见表1-10-2。匝绝缘纸耐压强度为0.6kV/0.075=8kV/mm，大于2.037kV/mm。经以上核算，调压线圈出头绝缘厚度满足耐压要求。

▼ 表1-10-2　　　　　　　变压器绕组常用匝绝缘纸性能

材料名称	厚度（mm）	工频击穿电压（kV/层）
变压器匝绝缘纸	0.075	≥0.6

（3）放电原因分析。根据解体时引线部位未发现明显放电痕迹可基本排除上次更换套管导致引线连接部位放电可能。根据故障点耐压水平分析可排除绝缘水平设计不合格导致放电可能。因此，综合分析可得，调压线圈上部出头两根导线绝缘击穿主要有两种可能：

1）装配过程带入异物。现场组装人员在将四根导线用绝缘纸缠在一起时不小心将异物如铜片等带入两根导线之间，极大的削减了此处绝缘水平，导致试验时击穿。

2）换位导线本身绝缘水平不足。故障点位置导线本身存在质量问题，如有漆瘤或毛刺等，导致此处绝缘水平不足，但是变压器厂验收时未发现，在试验时发生击穿。

● 1.10.5　监督意见及要求

本次500kV主变压器出厂试验中，出现试验人员未还原末屏接地等低级错误导致套管更换，以及厂内组装人员误将异物带入或未对上游厂家导线产品进行严格检验致使本台设备发生击穿。且2019年该变压器厂制造的另一500kV主变压器同样在厂内验收发现明显质量问题，综上考虑，有以下建议：

（1）建议对该变压器厂进行约谈，警示该变压器厂重视其生产的500kV主变压器频繁发生的质量问题，直至有明显改善。

（2）建议该变压器厂强化员工培训，增强试验质量，确保不再发生人为事故。提升厂内组装工艺管控质量，保证组装环境，重点管控线圈绕制、组套等核心工艺过程，确保无异物混入。

（3）建议该变压器厂应加强对供应商产品的检验能力，保证原材料和各组件质量。

2 220kV变压器技术监督典型案例

2.1 220kV变压器夹件多点接地导致夹件电流超标分析

● 监督专业：电气设备性能　　● 设备类别：变压器

● 发现环节：运维检修　　　　● 问题来源：设备设计

● 2.1.1 监督依据

Q/GDW 1168—2013《输变电设备状态检修试验规程》

运检一〔2014〕108号《国网运检部关于印发变电设备带电检测工作指导意见的通知》

● 2.1.2 违反条款

（1）依据Q/GDW 1168—2013《输变电设备状态检修试验规程》中5.1.1.1的规定，铁芯接地夹件电流测量不大于100mA（注意值）。

（2）依据运检一〔2014〕108号《国网运检部关于印发变电设备带电检测工作指导意见的通知》附录1的规定，220kV油浸式变压器铁芯、夹件电流测量不大于100mA（注意值）；与历史数值比较无明显变化。

● 2.1.3 案例简介

2017年2月17日傍晚，运维人员在进行某220kV变电站巡视时，发现1主变压器夹件接地电流异常增大（约15A），并当天与检修人员进行了沟通，要求试验人员复测，并立即安排油化人员对其进行本体油色谱进行检测，无异常。2月18日，试验人员进行复测，铁芯接地电流为0.9mA，夹件接地电流为1280mA，表明夹件应存在多点接地故障。3月9日，厂家人员对该主变压器夹件接地回路安装了限流装置，成功将夹件接地电流限制在2mA左右。

● 2.1.4 案例分析

1. 1号主变压器铁芯、夹件接地电流检测情况

在厂家安装限流装置前，该主变压器历次铁芯、夹件接地电流检测结果见表2-1-1。

▼ 表2-1-1　　　　　　1号主变压器历次铁芯、夹件接地电流检测结果

检测日期	铁芯接地电流（mA）	夹件接地电流（mA）	备　注
2016-12-23	0.5	0.6	运维人员检测
2017-02-17	1.2	1500	运维人员检测
2017-02-18	0.9	1280	试验人员复测
2017-02-19	1.2	1600	运维人员检测
2017-02-20	1.3	1109	运维人员检测
2017-02-27	1.0	1625	运维人员检测
2017-03-05	1.2	1615	运维人员检测

2. 红外精确测温辅助分析

试验人员结合本次接地电流异常增大原因进行综合分析，发现在2017年1月5日红外精确测温时，曾发现该主变压器外壳表面有一处异常发热部位（温度略高于正常区域2～3℃），具体位于主变压器铁芯、夹件引下线对角处的大盖螺栓上方，如图2-1-1所示。当时怀疑此处发热点可能为夹件接地点。

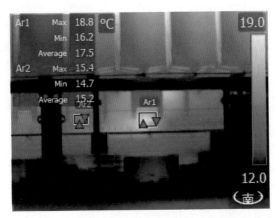

图2-1-1　1号主变压器大盖螺栓上方的异常发热部位

3.油色谱跟踪数据

在确定夹件电流超标后，要求油化人员对主变压器油色谱进行了跟踪测试（即先连续跟踪4天，如无异常，油色谱跟踪周期改为7天），具体数据见表2-1-2。根据表中数据可知，各气体含量一直正常，表明夹件的多点接地未对该主变压器的正常运行产生影响。

▼ 表2-1-2　　　　　　　　　　1号主变压器油色谱跟踪测试数据

跟踪日期	气体含量（μL/L）							
	H_2	CH_4	C_2H_6	C_2H_4	C_2H_2	总烃	CO	CO_2
2017-02-17	5.13	3.87	0.91	0.66	0	5.45	317.43	2148.21
2017-02-18	5.15	3.87	0.92	0.68	0	5.47	318.73	2159.45
2017-02-19	5.17	3.85	0.94	0.65	0	5.44	319.8	2147.6
2017-02-20	5.2	3.86	0.95	0.65	0	5.46	325.3	2148.1
2017-02-27	4.41	3.11	0.72	0.52	0	4.35	264.23	1686.2
2017-03-05	4.48	3.46	0.79	0.6	0	4.85	276.19	1865.62

4.处理情况

综上所述，由于夹件电流超标对主变压器正常运行影响较小，故未采用大修的方式进行处理，而是串接限流电阻来限制夹件电流。经现场勘查后，初步方案如图2-1-2所示。

（a）接地铜排安装示意图　　　　　　　（b）限流电阻安装示意图

图2-1-2　限流电阻安装方案

　　3月9日，联系厂家人员对该主变压器夹件接地回路加装了限流电阻R_1（约为83Ω），如图2-1-3所示，1号主变压器夹件电流已被限制到2mA以内，达到Q/GDW 1168—2013《输变电设备状态检修试验规程》允许范围之内，且该装置可以对夹件电流进行在线监测，一旦有异常增大，装置会立即报警。

图2-1-3　夹件限流装置安装后效果图

夹件限流装置安装完成后,再次对主变压器疑似接地发热部位进行红外精确测温,该处温度依然异常,故排除夹件在该处接地的可能,夹件接地点应在内部其他位置,需等停电大修时才能准确定位。加装夹件后油色谱数据正常。

● 2.1.5 监督意见及要求

(1)应严格按照周期开展主变压器铁芯、夹件接地电流等带电检测项目,发现问题及时分析并处理,防止缺陷进一步劣化,演变成大的设备事故。

(2)夹件接地电流超标对主变压器正常运行影响较小,故可通过可靠的限流装置将接地电流限制在允许范围内,结合主变压器今后大修计划再进行处理。

2.2 220kV变压器中压套管将军帽限位螺栓安装错误导致发热分析

- 监督专业:电气设备性能
- 设备类别:变压器
- 发现环节:运维检修
- 问题来源:安装调试

● 2.2.1 监督依据

《国家电网公司变电检测管理规定 第1分册 红外热像检测细则》

● 2.2.2 违反条款

依据《国家电网公司变电检测管理规定 第1分册 红外热像检测细则》附录D.1电流致热型设备缺陷诊断判据:套管柱头:以套管顶部柱头为最热的热像;柱头内部并线压接不良;热点温度>55℃或$\delta \geqslant 80\%$判定为严重缺陷。

● 2.2.3 案例简介

2019年3月11日,变电检测人员在某220kV变电站开展红外测温工作，发现2号主变压器110kV侧B相套管将军帽存在发热现场，热点温度为57.9℃，正常相套管将军帽温度为28℃，根据《国家电网公司变电检测管理规定 第1分册 红外热像检测细则》判定为严重缺陷。

2019年7月9日，对2号主变压器进行停电消缺工作。对中压侧套管进行了直流电阻测试，相间不平衡率为1.77%，虽在合格范围之内，但接近注意值。取下将军帽，检修人员对B相套管将军帽进行了解体检查，发现将军帽桩头存在氧化层、将军帽内限位螺母反向安装，导致接触不良、电流回路接触电阻增大，引起将军帽发热。

该主变压器型号为SFPSZ8-120000/220，出厂日期为1994年11月，110kV侧套管型号为BRLW-110/1250-3。

● 2.2.4 案例分析

1. 红外精确测温

对2号主变压器进行红外测温时，发现110kV侧B相套管将军帽存在发热异常，检测人员调整温度范围、成像角度，拍下清晰的图谱，如图2-2-1和图2-2-2所示。

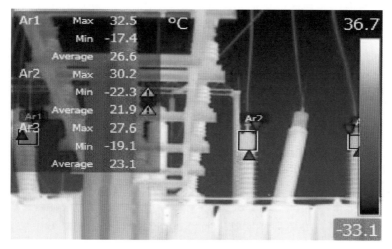

图2-2-1 2号主变压器110kV侧套管（B相）红外图谱（一）

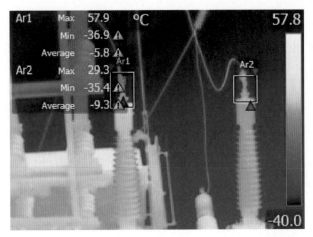

图 2-2-2　2 号主变压器 110kV 侧套管（B 相）红外图谱（二）

根据图 2-2-2，2 号主变压器 110kV 侧 B 相套管将军帽最高温度为 57.9℃，热点温度大于 55℃，同主变压器其他套管正常温度为 29.3℃，温差达到 28.6K；1 号主变压器同样部位温度 32.5℃，温差达到 25.4K。

利用同类比较判断法、图像特征判断法判定：2 号主变压器 110kV 侧 B 相套管发热为严重缺陷，应尽快安排停电进行处理。

2. 停电试验

2019 年 7 月 9 日，专业人员对 2 号主变压器发热缺陷进行处理。试验情况如下：

（1）直流电阻试验。由表 2-2-1 试验数据可知，直流电阻测试结果一直在合格的范围之内：1.6MVA 以上变压器，各相绕组电阻相间的差别，不大于三相平均值的 2%。将军帽与导电头之间的接触电阻相对于绕组电阻来说太小，直流电阻测试未能直观地反映缺陷问题所在。

▼ 表 2-2-1　　　　　　　　　　直流电阻测量数据

参数	A（mΩ）	B（mΩ）	C（mΩ）	不平衡率
修前	144.2	146.8	144.5	1.77%
修后	143.7	145.1	144.1	0.97%

（2）电容量及介质损耗试验。通过对套管进行介质损耗及电容量试验，排除以下可能：当圆柱销松动后造成其与将军帽盖接触不良，在接触面增加

了附加电容和附加电阻，导致介质损耗增加。导电密封头密封不严及将军帽螺母松动时，在螺母底部与接触面存在间隙或接触不良，相当于增加了附加电容和电阻，导致介质损耗增加。电容量及介质损耗测量数据见表2-2-2。

▼ 表2-2-2　　　　　　　　　　　电容量及介质损耗测量数据

参数	相别	tanδ（%）	电容量（pF）	额定电容（pF）	初值差（%）
修前	A	0.329	379.1	378.4	0.18
	B	0.271	363.6	362.7	0.25
修后	A	0.334	379.2	378.4	0.21
	B	0.275	363.6	362.7	0.25

3.将军帽解体处理

对B相套管将军帽进行解体、检查。解体后发现：①将军帽桩头表面存在一定氧化层，可能导致接触电阻增大；②限位螺母反向安装，一方面影响限位螺母与将军帽之间的接触，另一方面可能导致将军帽旋入长度不够，导致将军帽与导电头啮合不够严密。安装之初，在负荷较低时不会发生过热问题，但随着负荷的增长，接触面的温升和表面氧化，形成恶性循环，温度不断升高出现过热缺陷，如图2-2-3~图2-2-5所示。

图2-2-3　将军帽桩头与抱箍线夹

图2-2-4　将军帽、限位螺母与导电头

图2-2-5 将军帽、限位螺母与导电头

● 2.2.5 监督意见及要求

（1）严把设备质量关，对设备安装的关键点要监管到位，防止隐患
遗留。

（2）积极开展变压器套管红外测温工作，认真排除带电检测作业中外界
因素干扰，确保带电检测数据正确。

（3）对于发热缺陷，进行精确红外测温时，应在温度、湿度及光照合理
的情况下进行，且应选择手动模式，调节色标，并正确选择拍摄角度。

2.3 220kV变压器中压侧套管密封不良导致漏油分析

● 监督专业：电气设备性能　　● 设备类别：变压器

● 发现环节：运维检修　　　　● 问题来源：设备制造

● 2.3.1 监督依据

DL/T 664—2016《带电设备红外诊断应用规范》

Q/GDW 1168—2013《输变电设备状态检修试验规程》

《国家电网公司变电检测通用管理规定　第1分册　红外热像检测细则》

● 2.3.2 违反条款

依据 DL/T 664—2016《带电设备红外诊断应用规范》附录 B 规定，电压致热型设备高压套管温差大于 2～3K，缺陷性质定性为危急缺陷。

● 2.3.3 案例简介

2020年7月20日，试验人员在对220kV某变电站1号主变压器进行红外精确测温工作时，发现1号主变压器110kV侧套管C相上部温度偏低，由红外成像图可知，C相套管上部平均温度36℃，下部平均温度39.4℃，温差为3.4K，上下温度存在明显差异，且热像图有分层现象，分析判断该套管存在漏油。

主变压器110kV侧套管型号：BRDLW–252/1250–4；投运日期：1987年10月。

● 2.3.4 案例分析

1.带电检测

试验人员对某220kV变电站进行红外测温，发现1号主变压器110kV侧C相套管上部温度偏低，具体情况如图2-3-1所示。

图2-3-1 1号主变压器110kV侧C相套管红外热像图

从图2-3-1发现C相套管上部平均温度36℃，下部平均温度39.4℃，温差为3.4K，上下温度存在明显差异，且热像图有分层现象，经分析该套管存在漏油，属于危急缺陷，而后立即停电进行诊断试验，试验均合格。

2.解体检查

专业人员查找套管温度异常原因，将故障套管垂直静置24h后检查上部外观无漏油，下端放油密封螺栓处无明显渗油。穿缆孔附近有油渍，地面可见渗出的绝缘油滴，但穿缆孔上部的紧固螺栓未观察到明显的渗出油滴，由此可判断渗漏点很小，渗油速度较慢。继续从套管储油柜油塞处充入空气进行加压，进一步查找渗漏点的具体位置。对套管内部油腔加压0.2MPa后发现穿缆孔附近渗油速度明显加快，可见明显的油滴渗出如图2-3-2所示。

图2-3-2 套管渗油情况

为进一步查找渗油点，将套管进行解体解剖，解体步骤如下：

（1）将套管内变压器油排尽后，打开顶部套管油室盖板，拧松铜并帽，如图2-3-3所示。

（2）卸下顶部压紧螺栓，取出防爆膜，如图2-3-4所示。

（3）卸下顶部将军帽及油室、油位计，拧松反压弹簧，卸掉反向作用力，如图2-3-5所示。

（4）取下套管底部均压罩，拧松底部铜并帽，发现套管底部铜并帽密封圈老化龟裂，密封圈开裂，如图2-3-6所示。

图2-3-3　套管顶部螺母拆除

图2-3-4　套管防爆膜拆除

图2-3-5　套管油室拆除

图2-3-6　套管铜并帽拆除

综上所述，该1号主变压器套管温度异常原因系运行年限过长，底部密封圈材质劣化严重，变压器重载运行、油温过高等，加速了密封圈劣化程度。再加上油室内弹簧压力过大，造成底部密封圈部分开裂引起渗油。

● 2.3.5　监督意见及要求

（1）该套管可能在2013年主变压器低压侧内部发生出口短路时造成了下

瓷套与油室中心发生偏移，结合主变压器停电，测量下瓷套与油室中心发生偏移，检查油室与上瓷套之间的密封圈有无异常，同时要求厂家提前备足够套管备件，以便及时进行套管应急更换。

（2）积极开展变电专业化巡视检测工作，充分运用红外测温、在线监测等手段，及时发现设备运行中的隐性缺陷，特别对主变压器套管要提高检测频次，及早发现设备隐患，坚决杜绝设备事件扩大。

（3）加强设备的出厂监造和交接验收，特别是对主变压器套管装配工艺流程进行把控，及时发现产品的质量薄弱点、工艺薄弱环节。

2.4 220kV变压器安装工艺不良导致交接局部放电试验超标分析

- 监督专业：电气性能
- 设备类别：变压器
- 发现环节：设备调试
- 问题来源：设备安装

2.4.1 监督依据

GB/T 1094.3—2017《电力变压器　第3部分：绝缘水平、绝缘试验和外绝缘空气间隙》

国家电网设备〔2018〕979号《国家电网公司十八项电网重大反事故措施（2018年修订版）》

2.4.2 违反条款

依据国家电网设备〔2018〕979号《国家电网公司十八项电网重大反事故措施（2018年修订版）》中9.2.2.7的规定，变压器在新安装时，应进行现场局部放电试验：220～750kV电压等级变压器高压端的局部放电量不大于100pC，中压端的局部放电量不大于200pC。

● 2.4.3 案例简介

2019年5月和9月，分别在某220kV变电站新增2号主变压器交接试验时发现C相高压绕组存在明显的局部放电。根据现场局部放电图谱，初步判断为C相高压绕组端部悬浮放电。进行排油检查，发现C相高压绕组出线端部包裹的皱纹纸散开，该部位位于套管底部均压球外部，厂家对缺陷部位皱纹纸进行重新包扎后局部放电试验合格。

该变压器型号为SSZ–180000/220，容量为180MVA，为有载调压式三相四绕组带平衡绕组型式，各绕组均为穿缆式引出，2019年7月出厂。

● 2.4.4 案例分析

1.试验数据分析

2号主变压器分别开展3次局部放电试验，局部放电图形如图2-4-1所示。第一次、第二次采用正常低压感应法，C相高、中压绕组承受全部电压；第三次采用中性点支撑法，C相高、中压绕组承受整体电压的2/3。

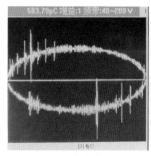　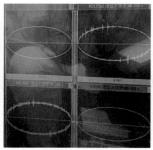　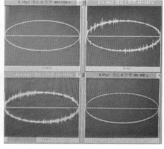

　(a) 第一次试验C相高压　　　(b) 第二次试验C相高、中压　　　(c) 第三次试验C相高、中压

图2-4-1　三次局部放电试验图形

第一次和第三次局部放电起始电压和熄灭电压数据见表2-4-1，由表2-4-1可知第三次高压绕组C相整体匝间承受电压降低1/3的情况下，局部放电起始电压、熄灭电压与第一次试验基本一致，且高、中压局部放电量比

值接近方波校准时的传输比，说明局部放电位置在高压绕组端部位置的可能性大。

相别	项目	第一次	第三次
C	起始电压	19.58	19.42
	熄灭电压	16.76	16.75

该变压器在出厂验收时，厂家按GB/T 1094.3—2017《电力变压器　第3部分：绝缘水平、绝缘试验和外绝缘空气间隙》的规定使用三相对称电压加压，高中压三相同时检测局部放电，在$1.58U_r/\sqrt{3}$（U_r为高压1挡时电压）电压下的局部放电量合格，局部放电量合格，且1h内无增长，局部放电试验通过。所有试验完毕后厂家将所有附件拆除分开运输到现场再进行安装。三次局部放电试验前后油色谱试验均合格且无明显变化。根据现场实际情况判断，推测高压绕组C相端部局部放电异常的原因可能有以下5种：

（1）绕组引出穿缆与套管顶部将军帽连接位置接触不良。

（2）套管顶部存在气泡。

（3）变压器在安装时异物掉落至高压绕组C相端部。

（4）高压绕组C相端部的引出线与穿缆连接位置接触不良。

（5）高压绕组C相端部的引出线外部附着异物或皱纹纸存在凸起等异常。

2.现场检查与处理

2019年9月底，依据上述可能导致高压绕组C相局部放电异常的原因，技术监督及检修人员对该变压器各个部位进行排查，过程如下：

（1）首先对穿缆与套管的连接部位进线检查，同时对套管多次放气，发现连接紧密、无气体排出，因此排除穿缆与套管的连接不良、套管顶部存在气泡的可能性。

（2）其次，对排油至高压绕组C相端部检查是否有异物、引出线与穿缆连接，未见异物，且引出线与穿缆连接紧密，因此排除安装时高压绕组C相端部异物遗留、引出线与穿缆连接位置接触不良的可能性。

（3）最后，对高压绕组C相端部的引出线进行检查，发现出线端部包裹的皱纹纸可能在安装时因剐蹭散开，该部位位于套管底部均压球外部，散开部位如图2-4-2所示。

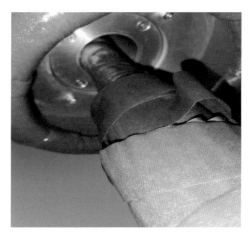

图2-4-2　C相高压绕组出线端部皱纹纸散开

查找出设备缺陷点后，厂家对缺陷部位皱纹纸进行重新包扎，然后对变压器重新进行了真空滤油处理，处理后重新进行三相局部放电试验，数据见表2-4-2。从表2-4-2中可以看出，各相绕组局部放电量均低于100pC，属于正常范围，说明故障位点已经处理好。

▼ 表2-4-2　　　　　　　　　故障处理后2号主变压器局部放电数据　　　　　　　　pC

相别	A_H	B_H	C_H	A_M	B_M	C_M
背景噪声	76	49	38	82	62	50
局部放电量	89	88	46	94	92	89

● 2.4.5 监督意见及要求

（1）变压器局部放电试验时局部放电量的大小直接关系到变压器的绝缘

性能，反映变压器内部是否存在绝缘缺陷，应该严格按照技术监督管理要求，加强对局部放电图形的分析。当图形和局部放电量出现异常时，应根据图形特征、起始和熄灭电压、传输比等进行综合分析，发现并及时处理问题，确保变压器安全运行。

（2）因设计水平和制造工艺的提升，变压器体积越来越小，厂家从设计上取消了变压器顶部进入观察口，导致变压器安装后无法在注油前对内部安装工艺进行全面检查。应加强对主变压器的出厂验收监督，对影响现场安装、检修的不合理设计应提出整改建议，保证设备安装和检修质量不受影响。

（3）加强变压器安装过程的技术监督，各类附件安装完毕后、抽真空前应对内部各连接部位、缠绕部位等进行仔细的检查，确保无异常后再进行抽真空等后续工序。

2.5 220kV主变压器油位异常及本体渗油缺陷分析

- 监督专业：电气设备性能
- 设备类别：变压器
- 发现环节：运维检修
- 问题来源：运维检修

● 2.5.1 监督依据

Q/GDW 1168—2013《输变电设备状态检修试验规程》

● 2.5.2 违反条款

依据Q/GDW 1168—2013《输变电设备状态检修试验规程》中5.1.1.2的规定，巡检时，具体要求说明如下：外观无异常，油位正常，无油渗漏。

● 2.5.3 案例简介

某220kV变电站1号主变压器型号为某变压器公司1992年5月生产的

SFPSZ7-120000/220型，强油风冷变压器，1992年12月投运至2020年已有28年。运行年限较久，本体储油柜胶囊距上次检修轮换时间已近8年。

● 2.5.4 案例分析

1.现场检查情况

2020年6月22日，运维人员在对某220kV变电站进行例行巡视检查时发现1号主变压器本体油位异常，较上次巡视观察的油位有明显变化，且本体呼吸器呼吸不畅。同时本体高压套管升高座法兰、低压套管、本体管路阀门等多处出现渗油（如图2-5-1所示）。

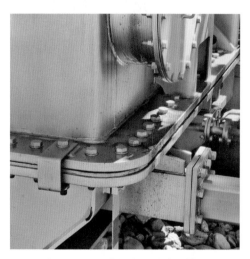

图2-5-1 1号主变压器渗油情况

2016年6月30日~7月4日，检修人员对某220kV 1号主变压器相关缺陷进行处理，检修人员检查本体储油柜内胶囊及油位计，发现胶囊破损，油位计与胶囊连接连杆部位卡销断裂脱落。同时检查各渗油点发现主变压器密封垫圈老化严重，无法满足可靠密封要求。检修人员更换主变压器本体储油柜胶囊和油位计连杆，并对主变压器全套密封垫进行更换。本次储油柜油位异常及本体渗油缺陷主要由以下两个原因引起：①胶囊破损，油位计连杆脱落；②变压器运行年限较久，橡胶密封垫圈老化严重。

2.缺陷原因分析

根据本体油位异常及呼吸器无法正常呼吸，检修人员初步判断存在呼吸系统缺陷，储油柜胶囊可能存在破损缺陷。

主变压器停电后，检修人员打开本体储油柜进行检查，发现本体储油柜上方存在较多变压器油，且胶囊存在明显下塌现象，判断为胶囊破损。同时还发现油位计连杆连接销断裂脱落，导致油位计油位指示异常（如图2-5-2所示）。

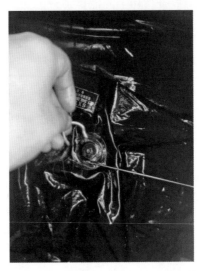

图2-5-2　储油柜胶囊破损/油位计连杆销断裂

3.现场处理情况

检修人员对变压器渗油部位先进行清洗检查，发现渗油部位的橡胶密封垫均存在密封圈老化现象，橡胶材料存在硬脆化、开裂等明显劣化情况，已不满足可靠密封要求。考虑到该主变压器已运行28年（至2020年），主变压器所有密封垫圈均老化严重，对主变压器全套密封垫圈进行更换。

● 2.5.5　监督意见及要求

（1）加强运行中的变压器"油温-油位"、渗漏油及呼吸器运行状态巡视观测，及时发现设备油位异常、渗油缺陷、呼吸异常等相关缺陷，防止因设备油位异常、呼吸系统故障等发展至主变压器油绝缘劣化、瓦斯异常动作等严重设备故障和运行事故。

（2）对运行年限较久的设备重点关注和监测，及时更换老化、达到或超过设计寿命的密封垫圈、储油柜胶囊等部件。

（3）加强主变压器检修工艺，重点对密封面螺栓紧固、储油柜胶囊安装、油位计指示及信号检查等在检修过程中严格把控。

2.6 220kV主变压器高压绕组引线连接部位接触不良导致直流电阻超标分析

- 监督专业：电气设备性能
- 设备类别：变压器
- 发现环节：运维检修
- 问题来源：设备制造

● 2.6.1 监督依据

Q/GDW 1168—2013《输变电设备状态检修试验规程》

● 2.6.2 违反条款

依据Q/GDW 1168—2013《输变电设备状态检修试验规程》中5.1.1.5的规定，要求在扣除原始差异之后，同一温度下各绕组电阻的初值差不超过±2%。

● 2.6.3 案例简介

2018年10月28日，试验人员对某220kV主变压器开展调压开关吊芯检修后的电气试验，在直流电阻试验中发现全挡位下高压侧A、B、C三相的直流电阻相比检修前数据异常偏大，各挡位相间差均超过2.6%，最大高偏差值为3.16%，远远大于2%的规定值。进入检查发现分接开关下部分的选择开关连接引线及各触点有轻微松动，紧固后再次测量直流电阻数据仍偏大，后续逐段检查并剥开A、C相绕组至高压引线连接部位绝缘层，发现A相绕组与引线连接部位有明显发热灼烧痕迹，存在接触不良情况。现场对该异常部位进行打磨紧固后，三相直流电阻数据恢复正常，相间差缩小至0.2%，符合Q/GDW 1168—2013《输变电设备状态检修试验规程》规定。

● 2.6.4 案例分析

1.现场检查情况

变压器高压侧直流电阻测量示意图如图2-6-1所示，测量时从中性点至三相高压套管将军帽分别连接引线，测量两段测试线中间的绕组直流电阻。

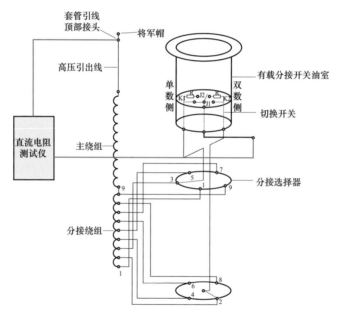

图2-6-1 变压器高压侧直流电阻测量示意图

造成变压器直流电阻超标的原因较多，常见的有以下4种：

（1）套管顶部引出线位置接触不良（包括套管将军帽与套管引线接触不良、套管引线断股或接头焊接不牢）；

（2）绕组内部异常（包括层间或匝间短路、绕组断股或各连接点松焊）；

（3）绕组引出线连接异常（绕组引线至调压开关连接点、绕组至高压引线连接点松动或氧化）；

（4）调压开关内部异常（切换开关至选择开关接触触头松动、灼烧、磨损，选择开关内部连接线松动等）。

为了查明直流电阻超标的原因，现场根据逐段排查的原则，从易到难的检修工序来排查缺陷来源。

2.排查过程

10月30日对变压器进行整体排油，开展进入检查。然后进入变压器箱体内部检查调压开关的选择开关。此时发现绕组抽头与选择开关的连接部分、选择开关的6根引线与调压开关油室绝缘筒内壁静触头间的连接部分（如图2-6-2所示）的部分紧固螺栓有松动情况。

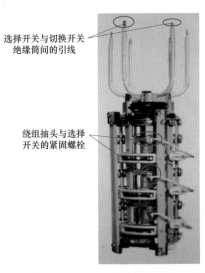

选择开关与切换开关绝缘筒间的引线

绕组抽头与选择开关的紧固螺栓

图2-6-2　绕组抽头与选择开关的连接部分

对图2-6-2标示连接处的螺栓进行紧固后，再次测量调压开关油室内壁6个静触头与对应各相套管引线间的直流电阻。此时三相的直流电阻均有一定程度的降低，但三相的相间差仍大于2%，三相直流电阻与第一次修后试验测试数据整体趋势一致。继续测量选择开关的6根引线与对应各相套管引线间的直流电阻，数据无明显变化，进一步验证选择开关区域无明显故障存在。

10月31日，检修人员拆除高压侧A相套管，继续剥开绕组与套管引线连接处的绝缘层，发现靠近引线的绝缘纸逐渐有碳化痕迹，且越靠近导线部分，碳化痕迹越明显，且导线包覆的锡箔屏蔽纸已完全碳化，且连接处的接头有灼烧发黑（如图2-6-3所示）。此处可确定高压侧A相直流电阻偏大的原因为绕组与套管引线连接头的接触面接触不良。

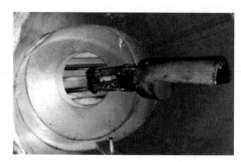

图2-6-3　连接头发黑

3.故障处理

11月1日，检修人员对高压侧A相绕组出线与套管引线的连接处，进行了百洁布擦拭、酒精清洗等处理（如图2-6-4所示）。

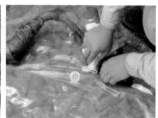

(a) 处理前　　　　　　(b) 处理中　　　　　　(c) 处理后

图2-6-4　接头处理

接头恢复连接时，为加强紧固度，更换了如图2-6-5所示的紧固螺栓。

(a) 螺栓侧面   (b) 螺栓顶部

图2-6-5 更换紧固螺栓

4.修后直流电阻测量及引线修复

恢复接头连接后，测量该连接点直流电阻，直流电阻值下降明显，与B、C相直流电阻接近。测量A相套管引线顶部接头至中性点直流电阻，试验数据也明显减小。测量高压侧A、B、C三相直流电阻，相间差为0.2%~0.39%，数据满足Q/GDW 1168—2013《输变电设备状态检修试验规程》规定，表明本次直流电阻超标缺陷处理成功。

5.事件分析

结合调压开关吊芯检查、变压器器身进入检查及多次直流电阻试验结果可知，A相高压绕组出线与套管引线的接触面的接触电阻偏大，是导致A相高压侧直流电阻偏大和高压侧三相直流电阻相间差超标的直接原因。

根本原因是高压绕组出线与套管引线的连接，未采取冷压式焊接，仅采取螺栓紧固。且紧固螺栓采用开口十字方式紧固（如图2-6-6所示），导致紧固力度不够，且该变压器已运行30多年，紧固螺栓在长期电动力的作用下松动，造成接触不良，导致A相高压侧直流电阻偏大和高压侧三相直流电阻的相间差超标。

● 2.6.5 监督意见及要求

（1）开展老旧型变压器绕组出线桩头排查，联系各变压器厂家确定其内

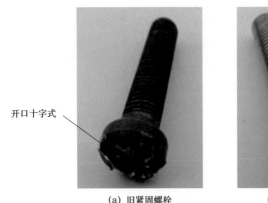

开口十字式

内六角式

(a) 旧紧固螺栓　　　　　　　　(b) 新紧固螺栓

图 2-6-6　新旧紧固螺栓对比

部接线桩头紧固螺栓是否存在同类结构设计。此类设计工艺上存在一定缺陷，随着变压器设备的长期运行，会逐渐形成缺陷甚至发展为故障，可作为家族性缺陷开展排查。

（2）加强变压器直流电阻检测，结合主变压器例行试验开展直流电阻历史数据横、纵向对比分析，发现异常情况应及时处理缺陷隐患。

（3）对此类设备应加强设备投运后的红外精确测温、油色谱跟踪检测。如油色谱数据出现异常，必要时申请停电，开展进入检查工作，及时对引线绕组、分接开关引线连接部位进行紧固检查处理，避免发生设备损毁事故。

2.7 220kV 主变压器高压套管双头螺杆紧固不到位导致乙炔超标分析

- 监督专业：化学
- 设备类别：变压器
- 发现环节：运维检修
- 问题来源：设备制造

2.7.1 监督依据

国网（运检/3）830—2017《国家电网公司变电检测通用管理规定　第15

分册　油中溶解气体检测细则》

● 2.7.2　违反条款

依据国网（运检/3）830—2017《国家电网公司变电检测通用管理规定　第15分册　油中溶解气体检测细则》中4.1 e）的规定，套管：乙炔≤1μL/L（220kV及以上）。

● 2.7.3　案例简介

2018年8月5日，在某220kV变电站2号主变压器停电消缺过程中，对比历史油位照片记录，检修人员发现高压侧套管油位均处于高油位。现场进行了高压侧套管油位调整，并取套管油样开展油色谱分析，分析结果显示套管油中乙炔含量超标。

● 2.7.4　案例分析

1.现场检查情况

（1）现场检查及试验情况。

1）现场外观检查。2号主变压器高压侧三相套管油位显示处于高油位，套管油室、法兰盘、末屏及绝缘子伞裙检查无渗漏、无破损、无放电痕迹。

2）油色谱检测分析。油色谱分析结果显示高压B相套管油色谱总烃、氢气等数据异常，乙炔含量超标。故障套管油色谱数据见表2-7-1。

▼ 表2-7-1　　　　　　　　　　故障套管油色谱数据

组分类别	H_2	CO	CO_2	CH_4	C_2H_4	C_2H_6	C_2H_2	总烃
含量（μL/L）	4300.1	526.6	3366.1	207.3	2.1	36.7	4.0	250.1

3）现场处置。为避免2号主变压器因套管故障扩大造成主变压器损毁，现场紧急调运同型号套管，进行更换。对拆除的2号主变压器原高压B相套管

进行返厂解体检查。

（2）返厂检查、解体处理情况。

1）解体检查前试验。故障套管垂直静置于厂家高压试验大厅24h，检查外观无漏油、油位显示无变化。对故障套管开展介质损耗值、电容量及局部放电试验检查，各试验值均在正常范围内，与出厂值无明显变化。

故障套管于8月14日返厂，厂家于当日对故障套管取油样进行了色谱分析，并在8月20日局部放电试验后再次取样进行色谱分析对比，数据基本一致。

2）解体检查过程。厂内对故障套管排油后拆除储油柜、拔出电容芯子、拆除上节瓷套、下节瓷套、法兰盘等组件后逐个开展检查，未发现异常。对拆除的组部件逐个检查外观，并未在末屏、电容芯、法兰盘、铝筒等表面发现明显放电点，顶部及尾端两处密封垫有变形老化现象。逐层剥开电容芯检查，未发现电容纸、铝箔存在破损、击穿等情况，电容纸也未发现过温老化的现象。电容芯及铝筒检查如图2-7-1所示。

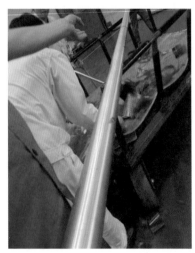

(a) 电容芯　　　　　　　　　　　(b) 铝筒

图2-7-1　电容芯及铝筒检查

由于在套管电容芯并未发现异常故障，继续对套管储油柜进一步解体发现，弹簧压板与弹簧压头接触面有明显放电点，表面附着有游离碳（如图

2-7-2所示），且油室底部靠近油位计侧有大量金属碎屑（如图2-7-2所示）。检查套管油室内的所有弹簧、弹簧压头、双头螺杆后，发现编号191、293、634、635号双头螺杆与弹簧压头均存在放电痕迹和摩擦痕迹，且634号弹簧与压头接触面有清漆（如图2-7-3所示）。

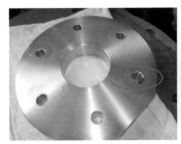

图2-7-2　放电点及游离碳、金属碎屑

图2-7-3　弹簧放电点

拆除全部弹簧进行深入检查，发现所有的放电点均集中出现在弹簧压头与双头螺杆接触部位（如图2-7-4所示）。检查双头螺杆，发现螺杆底部的定心螺母并未紧固，用手可轻易拧下双头螺杆。且铝质弹簧压板6个螺孔中有2个螺孔出现磨损情况，储油柜底部存在的金属碎屑粗糙，不均匀且多为片状，初步推测为紧固时摩擦刮丝导致。

通过检查发现的现象判断，可判断套管储油柜双头螺杆与弹簧连接部位为故障发生点。

(a) 弹簧压头   (b) 双头螺杆

图2-7-4　弹簧压头与双头螺杆检查

2.事件原因分析

根据三比值法判断故障类型为套管内部低能放电（见表2-7-2）。引线对电位未固定的部件之间连续火花放电，分接触头引线和油隙闪络，不同电位之间的油中火花放电或悬浮电位之间的火花放电均为低能放电。

▼ 表2-7-2　　　　　　　　　三比值法判断放电类型

项目	C_2H_2/C_2H_4	CH_4/H_2	CH_4/C_2H_6
浓度比值	2.09	0.13	3.23
比值范围编码	1	1	3

解体过程中仅在储油柜双头螺杆及弹簧压头上发现放电痕迹，其余零部件均未发现放电痕迹，由此判断套管油色谱异常是由于储油柜双头螺杆及弹簧压头之间放电引起的。结合套管储油柜设计结构（如图2-7-5所示）分析造成该处放电的原因是双头螺杆在安装过程中，用来紧固螺杆与储油柜底部的定心螺母未拧紧，导致双头螺杆与弹簧压头之间存在悬浮电位，引起双头螺杆与弹簧压头之间的间歇性低能放电。

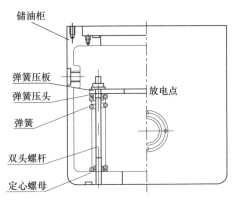

图2-7-5　套管储油柜结构

3.事件结论

（1）此次套管色谱异常是因套管储油柜内定心螺母设计上存在缺陷，圆形设计致使定心螺母无法完全拧紧，属于家族性缺陷。厂家在后续生产过程中进行了改进（如图2-7-6所示），明知问题存在但并未通知用户引起重视。

(a) 改进后的整体图

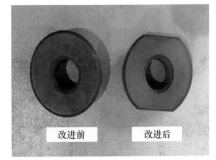

改进前　　改进后

(b) 改进前后的对比图

图2-7-6　改进后的定心螺母（故障套管定心螺母无缺口）

（2）产品制造工艺不佳。套管在装配过程中工艺不良造成弹簧压板螺孔被切削出碎屑，未将定心螺母拧紧致使双头螺杆产生悬浮电位。

（3）该类型套管在出厂局部放电后并未进行油色谱数据检查，且入网使用后未结合例行试验取油样进行油色谱分析，致使带电一段时间后不能发现色谱超标的故障。

（4）结合现场及返厂试验检查来看，套管主绝缘情况良好，若油色谱分析数据持续无变化的情况下或可继续运行。

（5）储油柜内部存在金属颗粒的套管必须及时更换，避免金属颗粒进入电容芯，造成持续性放电，破坏主绝缘。

● 2.7.5 监督意见及要求

（1）工厂试验完毕后对主变压器本体油样及套管油样进行取样分析，将问题发现在前期阶段。

（2）作为备品的套管不论套管电容芯是否浸没在油面以下，都应在安装前开展相应的试验检查。

（3）加强在运套管的油位跟踪，防止套管存在内部故障致使油位异常升高，投产验收前应对油位偏高的套管进行油位调整。

（4）故障套管属设计及制造缺陷，建议列入家族性缺陷管控，应在全省及国网系统内开展排查，建立故障类型套管应急更换储备台账，对油色谱分析结果异常的套管进行更换，防止主变压器因套管故障损毁。

2.8 220kV主变压器套管油位计浮球进油导致套管油位指示异常分析

- 监督专业：电气设备性能
- 设备类别：变压器
- 发现环节：运维检修
- 问题来源：设备制造

● 2.8.1 监督依据

国网（运检/3）830—2017《国家电网公司变电评价管理规定　第1分册　油浸式变压器（电抗器）精益化评价细则》

2.8.2 违反条款

依据国网（运检/3）830—2017《国家电网公司变电评价管理规定　第1分册　油浸式变压器（电抗器）精益化评价细则》第18章规定：油位指示倾斜15°安装应高于2/3至满油位。

2.8.3 案例简介

2020年7月15日，检修人员在某220kV变电站设备特巡过程中，发现3号主变压器B相高压套管油位指示已到最低位置。

7月17日，对3号主变压器进行停运检查，拆下B相高压油位计后发现油位计浮球内部有进油现象，浮球无法上浮。现场立即对故障油位计进行更换。

2.8.4 案例分析

1.设备运行工况

3号主变压器型号为SSZ11-180000/220型，2003年12月投运。高压套管型号RL3W-252/800-3，如图2-8-1所示。

(a) A相　　　　　　　(b) B相　　　　　　　(c) C相

图2-8-1　2020年7月15日3号主变压器高压侧A、B、C三相套管油位

2.事件主要经过

2020年7月15日，检修人员在某220kV变电站开展10kV电抗器例行试验

检修过程中，对站内变压器类设备开展特巡，发现3号主变压器B相高压套管油位指示已到最低位置，如图2-8-1所示。现场检查套管、本体及事故油池均未发现渗漏油痕迹。

比对2月26日春检及5月22日特巡情况，判断该套管油位指示为近期下降。春检时油位如图2-8-2所示。

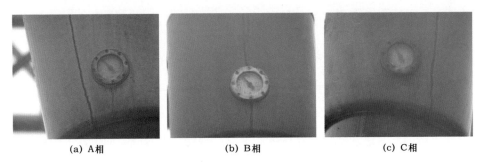

(a) A相   (b) B相   (c) C相

图2-8-2 2020年2月26日3号主变压器高压侧A、B、C三相套管油位

3. 现场检查情况

发现3号主变压器B相高压套管油位异常后，现场持续跟踪检测，关注主变压器负荷温度情况及套管状况。通过红外精确测温，横向比对三相套管红外图谱无差异，该套管红外图谱上下纵向比较无明显油位下降。根据检测情况，分析可能存在以下两个原因：

（1）套管油位计损坏，浮子下沉导致油位指示异常；

（2）套管发生轻微内渗，内部油位逐步下降。

2020年7月17日，备品油位计及备品套管均已到达现场，开展3号主变压器停运检查。对套管进行绝缘、介质损耗、电容量及取油样试验均合格，测量套管实际油位处于储油柜1/2位置。拆下油位计后发现油位计浮球内部有进油现象，浮球无法上浮，如图2-8-3所示。现场更换新油位计，并对套管补充相应的合格油，油位指示正常。

(a) 油位浮球   (b) 浮球无法上浮   (c) 油位指示异常

图2-8-3 2020年7月17日3号主变压器B相高压套管油位指示异常处理

4.事件原因分析

该型套管油位计采用空心金属浮球，安装底座与球体通过焊接连接，焊接部位可能存在薄弱环节。长期运行后，绝缘油逐步浸入浮球内部导致浮球无法上浮。

套管油位计空心金属浮球，安装底座与球体通过焊接连接部位可能存在薄弱环节，导致油位计浮球内部有进油。

● **2.8.5 监督意见及要求**

（1）应建立迎峰度夏与迎峰度冬本体及套管油位与油温的历史档案，当负荷与运行环境相近时，变压器油温变化不应超过10℃，本体及套管油位不应存在明显差异，否则应开展红外精确测温进行诊断分析。

（2）套管应满足油位或气体压力正常，油位计或压力计就地指示应清晰，便于观察，油套管垂直安装油位在1/2以上（非满油位），倾斜15°安装应高于2/3至满油位。

（3）新采购油纸电容套管在最低环境温度下不应出现负压。生产厂家应明确最大取油量，避免因取油样而造成负压。运行巡视应检查并记录套管油位情况，当油位异常时，应进行红外精确测温，确认套管油位。当套管渗漏油时，应立即处理，防止内部受潮损坏。

2.9 220kV主变压器调压开关切换开关零部件材质问题导致辅助触头弹簧固定件断裂分析

- 监督专业：金属
- 发现环节：运维检修
- 设备类别：变压器
- 问题来源：设备制造

2.9.1 监督依据

DL/T 574—2010《变压器分接开关运行维修导则》

2.9.2 违反条款

依据DL/T 574—2010《变压器分接开关运行维修导则》中6.1.4的规定，分接开关检修超周期或累计分接变换次数达到所规定的限值时，由主管运行单位通知检修单位，按本标准的有关条文进行维修。

2.9.3 案例简介

2019年3月3日，根据停电计划对某220kV变电站1号主变压器开展例行试验检修作业，进行调压开关吊芯检查。在调压开关吊芯后的检查及试验测量过程中，发现该切换开关快速机构的过渡触头组中的一相触头弹簧连接固定件断裂。故障调压开关铭牌见表2-9-1。

▼ 表2-9-1　　　　　　　　　　故障调压开关铭牌

型号	UCGRN 650/600/1	产品编号	1ZSC 8679 933
挡位数	17	极电压	1660V/50Hz
过渡电阻	5.1Ω	触头寿命操作次数	375000
制造年代	2008年		

● 2.9.4 案例分析

现场参照正常元器件及故障件对比（如图2-9-1和图2-9-2所示），对脱落的弹簧及断裂的固定件进行了检查对比，该固定件断裂后，其断裂点位于固定件的轴销部位，且该固定件断裂后其剩余部分仍卡在轴销上（如图2-9-3和图2-9-4所示）。

图2-9-1　正常件

图2-9-2　故障件

图2-9-3　断裂部位

图2-9-4　清理后检查

将断裂部件清理后检查发现，该紧固部件为绝缘材质的胶木材质制成。一头与触头轴销连接，通过弹簧一头与快速机构底部连接，在快速机构左右摆动过程中，由弹簧施加拉力保持过渡触头间的接触应力。该部件在工作过程中承受弹簧拉力，需保持一定的强度要求。通过现场检查损坏情况看，该部件已无修复可能，需进行更换（如图2-9-5和图2-9-6所示）。

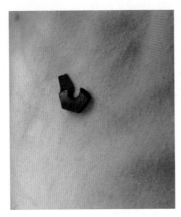
图2-9-5　断裂件清理检查

图2-9-6　拼接示意

● **2.9.5　监督意见及要求**

（1）该处连接的弹簧两头分别由胶木固定件及金属固定件分别连接辅助触点的动触头与开关快速机构，摆动中通过弹簧施加拉力来保持接触。现场检查断裂件发现，该断裂部位断点不均匀，断面分层明显，断裂部位受应力拉开的迹象明显，属于机械应力撕裂。

（2）目前对于设备内部的胶木固定件和绝缘件，没有可靠的检测手段，仅根据外观检查对其性能进行判断，其内部存在的细微损伤极可能发展成运行中的内部故障，严重则将造成分接开关在切换过程中辅助触头接触不良导致放电性故障，极易引发调压开关的爆炸。

（3）对于目前在运的各类型设备，需严格按检修周期执行检修、维护、保养工作，预防因零部件隐患导致的设备事故。

2.10 220kV主变压器有载开关负极性开关触头松动烧蚀导致直流电阻数据异常分析

- 监督专业：电气设备性能
- 发现环节：运维检修
- 设备类别：变压器
- 问题来源：设备制造

2.10.1 监督依据

DL/T 574—2010《变压器分接开关运行维修导则》

Q/GDW 1168—2013《输变电设备状态检修试验规程》

2.10.2 违反条款

（1）依据DL/T 574—2010《变压器分接开关运行维修导则》中A.8的规定，每对触头接触电阻不大于500μΩ。

（2）依据Q/GDW 1168—2013《输变电设备状态检修试验规程》中5.1.1.1的规定，1.6MVA以上变压器，各相绕组电阻相间的差别不应大于三相平均值的2%（警示值），无中性点引出的绕组，线间差别不应大于三相平均值的1%（注意值）；1.6MVA及以下的变压器相间差别一般不大于三相平均值的4%（警示值），线间差别一般不大于三相平均值的2%（注意值）；同相初值差不超过±2%（警示值）。

（3）依据Q/GDW 1168—2013《输变电设备状态检修试验规程》中5.1.1.10的规定，有载分接开关油质试验，要求油耐受电压不小于30kV；不满足要求时，需要对油进行过滤处理，或者换新油。

2.10.3 案例简介

2016年10月23日，试验人员对220kV某变电站1号主变压器进行例行试验，发现1号主变压器有载调压机构的油样耐压值为29kV（小于30kV），有载调压波形以及主变压器高压侧的直流电阻数据异常。因此检修人员对有载调压机构的切换开关进行吊芯检查。发现有载调压机构的切换开关上，B相单、双主触头螺栓松动，以及触头接触部分烧蚀接触电阻过大，且有金属粉末遍布在切换开关上，导致了油样的劣化。经紧固螺丝，打磨切换开关被烧损的动静触头，并用新油冲洗处理后，试验数据符合Q/GDW 1168—2013《输变电设备状态检修试验规程》要求。

● **2.10.4 案例分析**

1. 例行试验情况

2016年10月21日，试验人员对1号主变压器进行例行试验，例行试验数据见表2-10-1，有载调压转换波形如图2-10-1所示。

▼ 表2-10-1　　　　　　　　1号主变压器直流电阻测试异常数据

挡位	高压侧绕组直流电阻（Ω）			不平衡率（%）
	A	B	C	
12	0.5407	0.5448	0.5561	2.81
13	0.5493	0.553	0.5651	2.84
14	0.558	0.5621	0.5737	2.78
15	0.5676	0.5716	0.5855	3.11
16	0.5774	0.5818	0.601	4.02
17	0.5871	0.5919	0.6066	3.28
18	0.5978	0.6022	0.6135	2.60
19	0.607	0.612	0.6223	2.49

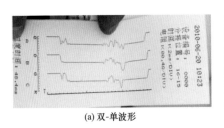

(a) 双-单波形

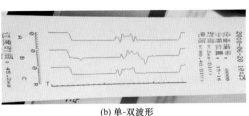

(b) 单-双波形

图2-10-1　有载调压转换波形

由表2-10-1可知，在切换至负极性开关后所有挡位直流电阻不平衡率超标，体现为B、C相相对A相偏大。由图2-10-1可见，过渡电阻的波形不稳定，有接触不良的表征。

由于该变压器有载调压机构在2008年进行了一次大修，且后面跟踪绝缘油击穿电压，发现有下降趋势，最近一次击穿电压为31kV，初步怀疑切换开关绝缘筒内油的性能有所劣化，且切换开关过渡波形存在异常，故决定对切换开关进行吊芯检查。

2. 吊芯检查

吊芯后外观检查如图2-10-2～图2-10-5所示，发现绝缘油颜色较深，击

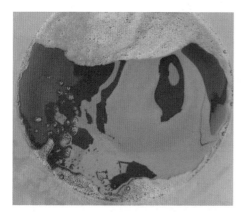

图2-10-2 有载切换开关内绝缘油

图2-10-3 构架表面的金属碎屑

图2-10-4 过渡电阻紧固螺丝松动

图2-10-5 B相单主通静触头螺丝松动

穿电压为29kV，不满足Q/GDW 1168—2013《输变电设备状态试验规程》的要求，构架上存在较多的金属碎屑，初步怀疑为机构打磨导致的，还发现过渡电阻和B相单主通静触头紧固螺丝松动。

为检查金属碎屑是否由于联动部分有缺陷所致，即对切换开关的联动部分也进行了材料检查，拔插和插销外观和金属材质均无问题。切换开关的主通触头可见轻微烧损痕迹，如图2-10-6所示。

图2-10-6　检查联动部分的拔插和插销、切换开关内动静触头烧损

同时，试验人员对切换开关各主通触头的接触电阻进行测试，发现B相两个触头接触电阻均偏大，超出标准值，具体见表2-10-2。

▼ 表2-10-2　　　　　　　　有载开关主通触头接触电阻

相别	A		B		C	
	单	双	单	双	单	双
打磨前接触电阻（μΩ）	373	496.7	820	674	333	239

后检修人员对所有主通触头进行打磨，并将各处松动螺栓紧固，后进行了复测，复测数据合格。

针对负极性所有挡位直流电阻异常，试验人员对其进行打磨处理（即8~12挡来回切换），在打磨20余次后，高压侧直流电阻恢复正常。此外，对切换开关的绝缘油重新进行更换处理，新油击穿电压为53.2kV。在直流电阻恢复正常后，试验人员再对有载开关过渡波形进行测试，发现B、C相已无波形下陷、接触不良等情况。

2.10.5　监督意见及要求

（1）当有载开关试验数据出现异常时，应仔细分析找出原因，特别是转换波形反映的各类问题需要深入研究和判断，必要时对有载开关进行吊芯处理。

（2）对于变压器有载开关的使用和调挡较为严格，开关使用得少，使用时间较久或质量不好的容易产生卡涩或接触不良，从而烧损触头从而引起的接触电阻、绕组直流电阻等指标不合格等问题。

（3）有载调压机构绝缘油的耐压值要在30kV以上，若数据不合格需要引起重视并及时处理，如对油进行过滤或更换。

2.11　220kV变压器低压绕组因短路冲击导致绕组变形分析

- 监督专业：电气设备性能
- 设备类别：变压器
- 发现环节：运维检修
- 问题来源：设备制造

2.11.1　监督依据

Q/GDW 1168—2013《输变电设备状态检修试验规程》

2.11.2　违反条款

（1）依据Q/GDW 1168—2013《输变电设备状态检修试验规程》中5.1.1.9的规定，测量绕组绝缘介质损耗因数时，应同时测量电容值，若此电容值发生明显变化，应予以注意。

（2）依据Q/GDW 1168—2013《输变电设备状态检修试验规程》中5.1.2.3的规定，容量100MVA以上或电压等级220kV及以上的变压器短路阻抗初值差

不应超过 ±1.6%，三相间最大相对互差不应大于2%。

（3）依据Q/GDW 1168—2013《输变电设备状态检修试验规程》中5.1.2.5的规定，诊断是否发生绕组变形时进行本项目。当绕组扫频响应曲线与原始记录基本一致时，即绕组频响曲线的各个波峰、波谷点所对应的幅值及频率基本一致时，可以判定被测绕组没有变形。测量和分析方法参考DL/T 911。

● 2.11.3 案例简介

2016年11月6日，试验人员在对220kV某变电站2号主变压器例行试验时，发现其低压绕组变形数据（低电压短路阻抗和频响法相关系数）存在异常，且低压–高、中压及对地的电容量较交接值出现明显增大，相比2008年修后数据也出现一定增长。后对往年近区短路情况进行分析，认为主变压器自2004年因3203隔离开关出现三相短路故障而遭受近区大电流冲击后，低压绕组已存在明显变形，但因当时未进行绕组变形试验，且忽略了绕组电容量变化率，导致之前一直未发现该缺陷。综合分析本次试验数据，基本判断低压a、b相绕组存在明显变形，且可能是向铁芯方向变形和移动。

● 2.11.4 案例分析

1.运行情况和试验开展情况

该变压器1997年投运后，在2004年5月因3203隔离开关A相锁紧机构失效造成三相短路故障，其中A相最严重。随后运行期间，一直未发生过出口短路，但出现过几次站外电缆线路短路故障。

2.异常数据分析

（1）低电压短路阻抗。低电压短路阻抗测试数据见表2–11–1。

▼ 表2-11-1　　　　　2号主变压器2016年低电压短路阻抗测试数据

测试部位	Z_{kA}（Ω）	Z_{kB}（Ω）	Z_{kC}（Ω）	最大互差（%）	Z_k（%）	铭牌值（%）	$\triangle Z_k$（%）
高压-低压	184.37	182.64	178.57	3.24	22.54	22.5	0.23
中压-低压	19.39	19.14	18.29	6.01	7.76	7.44	4.48
高压-中压	103.36	102.85	102.41	0.93	12.75	12.82	0.5

而根据表2-11-1数据可知，该主变压器高压-低压短路阻抗最大互差为3.24%，中压-低压三相最大互差为6.01%，超出标准要求（不大于2%），而高压-中压互差正常。且与铭牌值相比，中压-低压的初值差为4.48%，超出标准要求（不大于1.6%）。分析可知，与低压侧有关的测量数据互差均偏大，初步判断低压绕组可能存在变形。

为得到更准确的结论，2016年11月10日对中压-低压又进行了单相短路阻抗试验，见表2-11-2。

▼ 表2-11-2　　　　　2号主变压器中压-低压单相短路阻抗

单相测量	AmOm-ax	BmOm-by	CmOm-cz	最大互差
输入电压（V）	21.74	21.63	21.95	—
输入电流（A）	2.250	2.265	2.404	—
计算阻抗（Ω）	9.662	9.549	9.130	5.83%

结合表2-11-1和表2-11-2可以看出，A、B相数据较为接近，C相数据偏小，故可能为低压c相绕组变形或a、b相绕组均变形。同时，由于短路阻抗反映的是变压器绕组间几何尺寸的改变，而通过中压-低压的短路阻抗相比铭牌值为明显正偏差，故判断低压绕组应向铁芯方向移动，远离了中压绕组。

（2）频率响应法。在测得低电压阻抗数据存在明显差异时，为了进一步准确判断绕组情况，准备对该主变压器进行频响法测量，曲线如图2-11-1所示。

2号主变压器三次频响法的三次测试数据如图2-11-2所示。

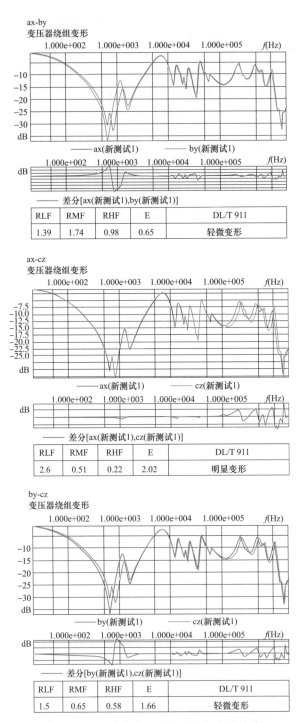

图 2-11-1 2号主变压器低压绕组频响曲线

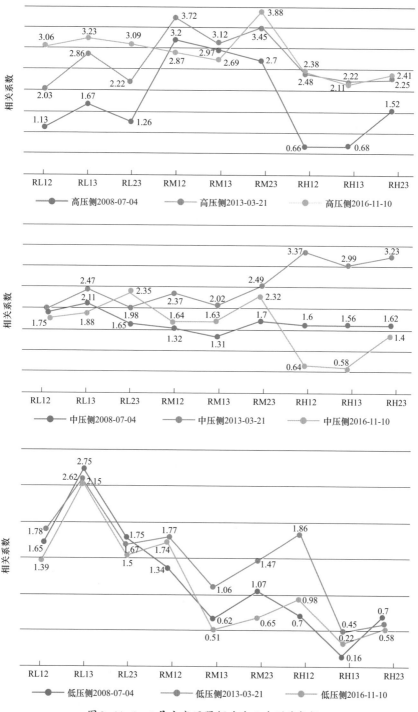

图2-11-2 2号主变压器频响法三次测试数据

对比该主变压器2008年大修后、2013年与2016年三年频响法的相关系数，发现2016年中、低压绕组的相关系数存在明显劣化趋势。其中，中频段低压绕组a-c、b-c间的相关系数大幅降低，高频段中压侧Am-Bm、Am-Cm较大幅度降低，高频段低压绕组a-c、b-c间的相关系数一直较差。

根据前面短路阻抗结论，不能准确判断是低压c相绕组变形还是a、b相变形。而根据频响法的相关系数来看，单从低压绕组相关系数也不能明显判断，但从中压绕组相关系数可知，如果是低压c相变形，那么不会导致中压绕组Am-Bm、Am-Cm的高频段相关系数均出现明显降低。因此，低压a、b相绕组同时发生变形的可能性较大。

此外，根据频响法的分析理论可知，低压绕组a-c、b-c间中频段相关系数出现明显降低，故推测低压a、b相绕组可能存在扭曲和鼓包等现象；高频段相关系数一直较差，说明低压a、b相绕组还可能存在整体移位，导致绕组对地电容发生了变化。

（3）绕组电容量。该变压器绕组历次电容量及介质损耗测试的数据如图2-11-3所示。

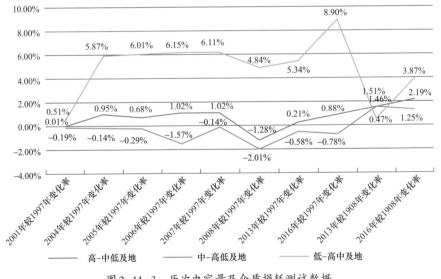

图2-11-3　历次电容量及介质损耗测试数据

由图2-11-3中电容量数据可知，2001～2016年所测的低-高中及对地电容量相比交接值均发生较明显变化，最大增加了8.90%，而高-中低及地、中-高低及地电容量变化不大。2008年大修后，2013年例行试验数据与2008年较为接近，2016年相比2008年又增加了3.87%，初步判断低压绕组变形可能出现了进一步恶化。

为了得到更准确的结论，2016年11月10日对低压绕组又进行了单相电容量测试和单向短路阻抗试验，数据见表2-11-3。

▼ 表2-11-3　　2号主变压器低压侧绕组单相电容量及介质损耗测试数据

试验日期	测量部位					
	ax-高中及对地		by-高中及对地		cz-高中及对地	
	tanδ（%）20℃	电容量（pF）	tanδ（%）20℃	电容量（pF）	tanδ（%）20℃	电容量（pF）
2016-11-10	0.435	11220	0.445	10620	0.376	9427

由表2-11-3数据可知，ax、by、cz电容量之间最大互差为19%，其中，ax、by电容量接近，cz电容量偏小。而正常变压器三相电容量应基本相等，根据此理论，发现c相电容的3倍为28281pF，与交接值28366pF较为接近。因此，怀疑绕组变形可能在低压a、b两相。

此外，从交接值至最近一次例行试验的电容量变化规律来看，低压-中压、高压及地电容量变化率为正偏差，中压-高压、低压及地为负偏差，说明a、b相绕组向铁芯变形和移动，与前面两项试验数据分析所得到的结论一致。

3.初步结论

（1）结合低电压短路阻抗、频响法和绕组电容量等试验数据，可以基本确定该主变压器低压a、b绕组发生明显变形，且是向铁芯变形和移动。

（2）该主变压器在2004年近区短路冲击下已出现明显变形，但由于当时绕组变形测试仪器未配置，加上当时对绕组电容量的变化率（与交接值）未进行关注，造成低压绕组的变形缺陷未及早发现。

（3）该主变压器在2013～2016年期间未发生站内短路冲击的情况下，变形情况进一步恶化，说明该主变压器在经历2004年近区短路冲击后，抗短路能力进一步下降，因此，在下一次短路冲击或过电压作用下，很可能会对主变压器产生更严重的损坏。

● 2.11.5 监督意见及要求

（1）为了有效判断主变压绕组变形情况，除了将频响法和低电压短路阻抗法结果进行综合分析外，还应结合绕组电容量变化率来加以论证，因为绕组电容量为物理参数，其变化率能较好反映绕组间以及对铁芯和外壳相对位置的变化情况。

（2）对于一些大修过的主变压器（绕组大修除外），例行试验进行初值分析时，大都习惯采用修后试验数据重新作为初值，很少再去与交接值进行对比，故对于大修时已经产生较大变化的重要状态量未进行及时关注，导致部分隐患无法及早发现，直至隐患进一步恶化。因此，对于一些重要的物理参量（如电容量、短路阻抗值等），应与交接值进行对比分析，掌握变化规律。

（3）加强主变压器差动保护范围内的跳闸隐患排查和综合治理，特别对于限流电抗器与主变压器低压套管出口的这段母线和隔离开关等设备，应重点排查和整改，因为此段发生故障时，短路电流未进过限流电抗器，对主变压器的冲击也是最为严重的。

3 110kV变压器技术监督典型案例

3.1 110kV变压器有载分接开关呼吸器漏油故障分析

- 监督专业：电气设备性能
- 监督方式：日常巡视
- 发现环节：运维检修
- 问题来源：设备制造

3.1.1 监督依据

Q/GDW 1168—2013《输变电设备状态检修试验规程》

国家电网生〔2012〕352号《国家电网公司十八项电网重大反事故措施（修订版）》

3.1.2 违反条款

（1）依据国家电网生〔2012〕352号《国家电网公司十八项电网重大反事故措施（修订版）》中9.2.3.1的规定，加强变压器运行巡视，应特别注意变压器冷却器潜油泵负压区出现的渗漏油。

（2）依据Q/GDW 1168—2013《输变电设备状态检修试验规程》中5.1.1.2的规定，巡检时，主变压本体及附件外观无异常，油位正常，无油渗漏。

3.1.3 案例简介

2016年11月23日，运维人员对某110kV变电站进行日常巡视时，发现1号主变压器本体储油柜油位下降至最低位置（如图3-1-1所示），并有一处散热片蝶阀正下方有渗油痕迹（如图3-1-2所示）。

图3-1-1　补油前本体储油柜油位　　　　　图3-1-2　蝶阀正下方有漏油痕迹

2016年12月24日，检修人员对散热片蝶阀螺栓进行紧固后，开始对1号主变压器进行补油，补了大约600kg变压器油后，主变本体油位升至中间位置，如图3-1-3所示。补油结束后，检修人员对1号主变压器进行检查时，发现有载分接开关呼吸器处出现漏油现象，如图3-1-4所示。

图3-1-3　补油后本体油位　　　　　图3-1-4　有载分接开关呼吸器大量漏油

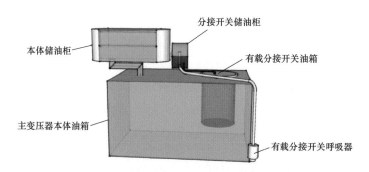

确认为本体与有载开关连通后，立即安排油化人员进行本体油色谱分析，无异常。2017年2月14日，对该主变压器有载开关进行吊芯检查，发现有载开关油箱底部排污阀垫圈错位，且垫圈上的绝缘板有裂痕，导致本体变压器油渗入有载分接开关油。后用防水胶布对螺杆与垫圈之间进行缠绕包扎，1h内，未发生渗油现象。

● 3.1.4 案例分析

1.设备基本情况

该主变压器型号为SFSZ7-2000/110，出厂年月为1989年7月，主变压器已经运行28年（至2016年），2015年10月27日对其开展了例行试验工作，同时将主变压器胶囊式储油柜更换为金属波纹管式储油柜。

2.故障分析

正常情况下，变压器本体油箱与有载分接开关油箱不连通，本体油位与有载分接开关油位无任何联系，如图3-1-5所示。

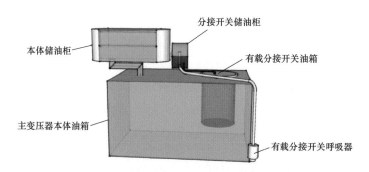

图3-1-5　主变压器本体与有载分接开关示意图

当变压器内部存在故障使本体油箱与有载分接开关油箱连通，本体与有载分接开关就会形成"连通器"，当本体油位高于有载分接开关的油位时，本体内的变压器油将流入有载分接开关内，反之有载分接开关内的油将倒流入本体，直到本体油位与有载分接开关油位相等。

变压器内部本体油箱与分接开关油箱相通，对本体储油柜进行加油，当本体油位高于分接开关油位，本体内的油通过裂纹或孔洞进入分接开关，而分接开关的油将通过分接开关连通管进入分接开关储油柜，一旦分接开关油储油柜位高于其内部的分接开关呼吸器连通管时，有载分接开关储油柜内的油将从其呼吸器连通管排出，从而发生分接开关呼吸器漏油现象，如图3-1-6所示。

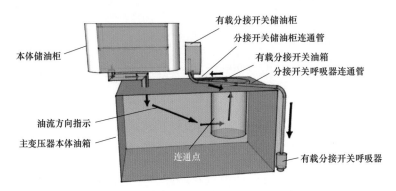

图3-1-6　有载分接开关呼吸器漏油示意图

综上分析，该主变压器内部存在故障，导致本体油箱与有载分接开关油箱连通。

3.故障处理

2017年2月14日，对主变压器开展主变压器停电检修。变电检修班人员将1号主变压器有载分接开关（如图3-1-7所示）吊出，并将有载分接开关油箱的油抽干（如图3-1-8所示），查找分接开关漏油点。

工作人员用毛巾将有载分接开关油箱内的油渍抹掉（如图3-1-9所示），一段时间后观察渗油痕迹，发现有载分接开关油箱底部有一渗油点，经检查确认，分接开关油箱底部排污阀渗油，如图3-1-10所示。

进一步检查发现，有载分接开关油箱底部排污阀垫圈错位，且垫圈上的绝缘板有裂痕，导致本体变压器油渗入有载分接开关油。检修人员用防水胶布对螺杆与垫圈之间进行缠绕包扎，一个小时内，未发生渗油现象。

图3-1-7　有载分接开关

图3-1-8　有载分接开关油箱

图3-1-9　有载分接开关油箱清理

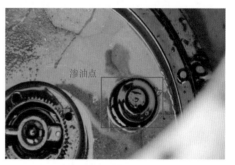

图3-1-10　有载分接开关底部排污阀渗油

● **3.1.5　监督意见及要求**

（1）加强对变压器等主设备日常巡视工作，重点关注主设备状态指示信息，对异常情况进行跟踪记录，及时开展设备隐患及缺陷治理工作。

（2）对老旧变压器的有载开关油位出现为满油位或油位异常升高时，应怀疑是否由于本体和有载分接连通所致，并进行放油确认。同时，应对本体油色谱进行取样分析，异常时立即进行停电诊断。

3.2 110kV主变压器楔形无励磁分接开关接触不良导致主变压器油色谱异常分析

- 监督专业：电气设备性能
- 监督手段：例行试验
- 发现环节：运维检修
- 问题来源：设备设计

● 3.2.1 监督依据

Q/GDW 1168—2013《输变电设备状态检修试验规程》

● 3.2.2 违反条款

（1）依据Q/GDW 1168—2013《输变电设备状态检修试验规程》中5.1.1.1的规定，1.6MVA以上变压器，各相绕组电阻相间的差别不应大于三相平均值的2%（警示值），无中性点引出的绕组，线间差别不应大于三相平均值的1%（注意值）；1.6MVA及以下的变压器相间差别一般不大于三相平均值的4%（警示值），线间差别一般不大于三相平均值的2%（注意值）；同相初值差不超过±2%（警示值）。

（2）依据Q/GDW 1168—2013《输变电设备状态检修试验规程》中的规定，220kV及以下变压器油中溶解气体含量：乙炔不大于5 μL/L（注意值），氢气不大于150 μL/L（注意值），总烃不大于150 μL/L（注意值）。

● 3.2.3 案例简介

2017年12月，检修人员对110kV某变电站2号主变压器油色谱试验数据异常进行诊断，发现中压侧A相直流电阻异常增大，其他试验结果正常。后对中压侧分接开关进行检查，发现B、C相分接开关指示位置为3挡，A相指示位置介于2挡与3挡之间，调节挡位后，中压侧直流电阻数据合格。2018年3月，吊罩检修该变压器，拆出中压侧三相楔形无励磁分接开关，发现A相分接开关触头附近有明显烧伤痕迹，应为调挡前触头接触不良所致，与诊断试验结果一致。后将原有的楔形无励磁分接开关更换为鼓形分接开关，修后各项试验合格。

该变压器型号为SFSZ8-31500/110，1995年3月出厂，序号为S950302。

3.2.4 案例分析

1.带电检测

2017年11月，110kV某变电站2号主变压器油色谱例行试验数据异常，乙炔异常增长，接近注意值；氢气和总烃增长显著，超出标准规定值，且跟踪测试有轻微增长，见表3-2-1。

▼ 表3-2-1 油色谱试验数据

项目（μL/L）	测试时间		
	2017-05-25	2017-11-24	2017-11-30
氢气H_2（新油＜30；运行油：150）	7.91	171.38	172.96
甲烷CH_4	7.86	237.37	241.39
乙烯C_2H_4	2.43	61.49	61.28
乙烷C_2H_6	9.95	491.07	490.09
乙炔C_2H_2（新油＜0.1；运行油：5）	0.76	4.02	4.00
一氧化碳CO	586.75	1179.42	1187.77
二氧化碳CO_2	5453.69	7479.31	7561.25
总烃（新油＜20；运行油：150）	21	793.95	796.76
结论	合格	不合格，三比值法编码022，可能存在高温过热故障	

2.诊断试验

2017年12月，将主变压器停运进行诊断试验。发现中压侧A相绕组直流电阻异常增长，初值差超2%，三相不平衡率达12.59%，见表3-2-2。其他绕组直流电阻、绝缘电阻、电容量及介质损耗、频率响应特性和短路阻抗试验结果均合格。

▼ 表3-2-2　　　　　　　　　　中压侧绕组直流电阻试验数据　　　　　　　　　Ω

分接位置	测试时间	Am-Om	Bm-Om	Cm-Om	不平衡率
3	2015-10-27	0.09493	0.09541	0.09355	0.65%
	2017-12-05（诊断）	0.1052	0.09335	0.09350	12.59%
	2017-12-05（重新调挡后）	0.09309	0.09357	0.09371	0.72%

注　以上直流电阻数据均已换算至75℃。

随后，对中压侧分接开关进行检查，发现该变压器中压侧为楔形无励磁分接开关，且B、C相分接开关指示位置为3挡，A相指示位置介于2挡和3挡之间，如图3-2-1所示。松开A相挡位固定卡齿螺栓后，挡位指示齿轮在顺时针及逆时针方向存在约3°的自由间隙。将A相挡位按要求调至3挡后，中压侧直流电阻测试结果合格。

图3-2-1　中压侧A相指示位置介于2挡和3挡之间

3. 吊罩检修

2018年3月，吊罩检修该变压器，拆出中压侧三相楔形无励磁分接开关，A相分接开关动、静触头有明显放电痕迹（如图3-2-2和图3-2-3所示），应为调挡前触头接触不良所致。

将中压侧三相全部更换为鼓形无励磁分接开关，如图3-2-4所示，各项试验结果合格，直流电阻试验结果见表3-2-3。

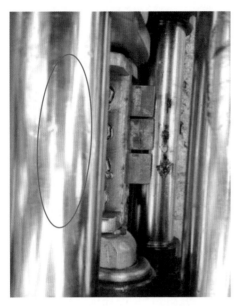
图 3-2-2 静触头高温烧损痕迹

图 3-2-3 动触头高温烧损痕迹

图 3-2-4 更换后的鼓形分接开关

▼ 表3-2-3　　　　　　中压侧分接开关更换后绕组直流电阻试验数据

分接位置	测试时间	Am-Om（Ω）	Bm-Om（Ω）	Cm-Om（Ω）	不平衡率（%）
3	2018-03-24	0.09397	0.09435	0.09438	0.435

注　直流电阻数据均已换算至75℃。

4.原因分析

综上所述，该变压器中压侧无励磁分接开关为楔形结构，早期调挡可能未完全到位，但由于当时各项试验合格，故无法发现该故障。后变压器长期运行中由于电动力和机械振动等原因，引起挡位固定齿轮松动，顶梢小范围滑落，导致该分接开关动、静触头接触不良，引起中压侧A直流电阻偏大，在运行电流或故障电流下局部过热，致使油色谱试验结果异常。

（1）楔形开关频引故障的原因。楔形无励磁分接开关的动触头为楔形，静触头为多根圆柱铜棒组成的笼形结构，采用偏转推进机构，主轴旋转300°，动触头变换一次分接。楔形分接开关完成一次切换的动作顺序如图3-2-5所示。当楔形触头与接触柱到达最佳契合角度时［如图3-2-5（8）所示］，楔形触头依靠触头内部的柱形弹簧的压力保证与接触柱接触良好。

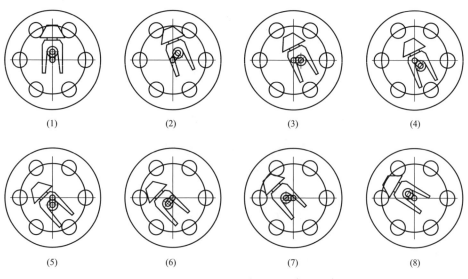

图3-2-5　楔形分接开关切换程序及顺序

楔形触头与接触柱之间是否能够调整到最佳的契合角度，是楔形分接开关能否良好接触的关键。因此，楔形分接开关故障频发原因主要有以下三点：

1）国内变压器生产厂家无励磁分接开关的应用上，楔形开关、鼓形分接开关并存，部分厂家只笼统地提供单相使用说明书。由于不同触头结构的分接开关结构及操作方法不尽相同，如不能准确了解产品形式，会为分接开关运行维护和故障的分析判断带来困难。

2）实际操作中，楔形分接开关调挡时将操作把手向指定方向（单一方向）旋转到某个挡位后，应将操作把手稍许向相反方向回调至调不动方调整到位［如图3-2-5（8）所示］。楔形分接开关依靠齿轮转动来实现挡位切换（如图3-2-5所示结构），当动触头运动至图3-2-5（7）所示位置时，会有明显到位感，若操作人员不熟悉开关结构和操作原理，未进行反向回调，易存在调挡不到位的情况。

3）分接开关的动静触头间的接触电阻为微欧级，而变压器绕组直流电阻为毫欧级或欧姆级，如果分接开关接触不良情况不是非常严重，而是处在似接非接的位置，绕组直流电阻值变化不大，通过测量变压器的直流电阻值，不能判断分接开关触头是否处在最佳的工作位置，容易造成漏判。

（2）鼓形开关的优势。鼓形无励磁分接开关结构如图3-2-6所示，其动触头为鼓形结构，动静触头相对运动方式为纯滚动，弹簧过死点自动释放储能，从而带动动触头运动，到位准确。

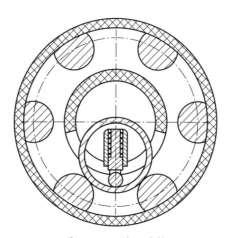

图3-2-6 鼓形结构

现将两种结构无励磁分接开关进行对比，见表3-2-4。

▼ 表3-2-4 两种无励磁分接开关比较

分接开关分类	楔形动触头	鼓形动触头
调挡方式	偏转推进	弹簧滚动
触头磨损	较易磨损	磨损小
操作性	需反向回调	一步到位
使用现状	逐步淘汰	广泛

● 3.2.5 监督意见及要求

（1）楔形无励磁分接开关调挡需反向回调，过程较复杂，可能导致变压器存在调挡调节不到位的情况，在某一位置时，楔形开关动静触头接触电阻变化对变压器绕组直流电阻影响较小，易对触头未在工作位置造成漏判，给变压器安全运行留下隐患。鼓形无励磁分接开关动触头到位准确，可靠性高。

（2）楔形无励磁分接开关引发的变压器故障已屡见不鲜，若条件允许，应将楔形结构无励磁分接开关更换为鼓形结构无励磁分接开关。对于不能及时更换的主变压器，应加油色谱等不停电检测手段的监测。

3.3 110kV主变压器注油工艺不良导致局部放电超标分析

● 监督专业：化学
● 设备类别：变压器
● 发现环节：设备调试
● 问题来源：设备安装

● 3.3.1 监督依据

GB/T 1094.3—2017《电力变压器　第3部分：绝缘水平、绝缘试验和外绝缘空气间隙》

GB 50150—2016《电气装置安装工程电气设备交接试验标准》

DL/T 722—2014《变压器油中溶解气体分析和判断导则》

● 3.3.2 违反条款

（1）依据GB/T 1094.3—2017《电力变压器 第3部分：绝缘水平、绝缘试验和外绝缘空气间隙》中11.3.5的规定，在1h局部放电试验期间，没有超过250pC的局部放电记录。

（2）依据GB/T 1094.3—2017《电力变压器 第3部分：绝缘水平、绝缘试验和外绝缘空气间隙》中11.3.5的规定，在1h局部放电试验期间，局部放电水平的增加了不超过50pC。

（3）依据DL/T 722—2014《变压器油中溶解气体分析和判断导则》中9.2的规定，新设备投运前油中溶解气体含量要求应符合表2的要求，而且投运前后两次检测结果不应有明显的区别。

● 3.3.3 案例简介

在某110kV变电站新建工程中，1号主变压器安装注油完成后，试验人员进行交接试验，发现主变压器局部放电量超过1000pC，油色谱数据中乙炔含量超过0.1μL/L，试验数据异常。专业人员经查明1号主变压器安装真空注油时，抽真空时间和真空度未严格按照标准工艺进行，而后重新按照标准进行真空注油，静置24h后，试验合格。

该主变压器型号为SZ11-63000/110，2015年10月出厂。

● 3.3.4 案例分析

1.现场试验情况

（1）局部放电测试。现场对变压器的中性点、末屏接地、均压帽的连接、加压线绝缘距离进行检查，均未发现问题。在不将被试设备接入回路的情况下，从无局部放电分压电容的耦合端接入匹配阻抗进行局部放电测试，再将主变压器接入试验回路进行试验，同时在高压侧和低压侧监测局部放电信号，试验结果证明局部放电是主变压器高压侧产生，非试验回路和低压侧产生。1号主变压器局部放电图谱如图3-3-1所示。

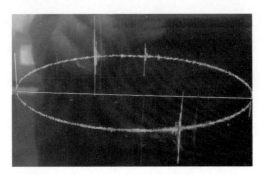

图3-3-1 1号主变压器局部放电图谱

根据放电波形，初步分析为气泡放电。怀疑主变压器静置后没有进行放气，要求厂家人员对主变压器再次进行放气，局部放电没有减少。更改试验接线，对B、C相进行试验，当试验电压达到$1.1U_n$（U_n为额定电压）时，局部放电量都超过1000pC，放电波形和A相似。

（2）油色谱试验。局部放电试验后对主变压器本体进行取油，主变压器油色谱结果见表3-3-1。

▼ 表3-3-1　　　　　　　　　局部放电前后油色谱数据　　　　　　　　μL/L

项目	H_2	CH_4	C_2H_4	C_2H_6	C_2H_2	CO	CO_2
局部放电前	1.2	0	0	0	0	19	95
局部放电后	3.0	1.3	1.2	0	0.6	28	282

由表3-3-1油色谱数据表明局部放电过程中产生了乙炔和氢气，证明内部发生了异常放电。

2.诊断分析及故障处理

现场安装人员和厂家人员沟通得知，该主变压器由于工期比较紧，现场没有严格按照真空注油的工艺要求进行，抽真空的时间和真空度均未达到标准要求。综合放电图谱分析，怀疑主变压器本体高压侧线圈表面附着气泡。由于发生剧烈的气泡放电，导致局部放电试验结果超标，变压器油中产生氢气和乙炔。

现场对主变压器进行过滤油处理后，重新按照标准进行真空注油。注油结束后静置24h，再次进行局部放电测试，局部放电量小于100pC，局部放电图谱正常、油色谱正常，试验合格。

● **3.3.5　监督意见及要求**

变压器作为变电站最重要的电气设备，其安装质量直接关系到主变压器的安全稳定运行，为了保证其安装质量，防止类似事件再次发生，需要从以下三方面进行管控：

（1）主变压器生产厂家不仅要保证好设备的设计、制作工艺，还要严格管控现场安装质量，对现场施工安装人员进行培训，监督安装人员的施工工艺，防止出现出厂试验合格而交接试验不合格的情况。

（2）主变压器安装人员要严格按照施工工艺标准要求进行安装，不能以赶工期为由，降低安装标准，为设备留下安全隐患。

（3）电气试验人员严格按照规程要求进行试验，对试验过程中的异常现象进行深入分析、查找原因、排查故障，保证变压器安装质量。

3.4　110kV主变压器绕组整体移位变形导致夹件多点接地分析

● 监督专业：电气设备性能　　● 设备类别：变压器

● 发现环节：运维检修　　　　● 问题来源：大修技改

● **3.4.1　监督依据**

DL/T 911—2016《电力变压器绕组变形的频响法分析法》

Q/GDW 1168—2013《输变电设备状态检修试验规程》

国家电网设备〔2018〕979号《国家电网公司十八项电网重大反事故措施（2018年修订版）》

● 3.4.2 违反条款

（1）依据Q/GDW 1168—2013《输变电设备状态检修试验规程》中5.1.1.1的规定，绝缘电阻测量规定，要求铁芯、夹件绝缘电阻不小于100MΩ。

（2）依据国家电网设备〔2018〕979号《国家电网有限公司十八项电网重大反事故措施（2018年修订版）》9.1.4要求220kV及以下主变压器的6kV~35kV中（低）压侧引线、户外母线（不含架空软导线型式）及接线端子应绝缘化；变电站出口2km内的10kV线路应采用绝缘导线。

● 3.4.3 案例简介

2020年10月14日，检修人员对110kV某变电站1号主变压器开展吊罩检查，发现绕组整体靠A相侧移动挤压，绕组存在整体移位变形。该主变压器长期以来存在夹件多点接地，油中乙炔含量较高等问题。

该主变压器型号为SZ10-50000/110，2007年9月出厂，2007年12月投运，近期例行试验时间为2020年10月。

● 3.4.4 案例分析

1.试验情况

（1）铁芯、夹件试验。自2014年发现夹件绝缘电阻为零以来，夹件多点接地故障一直存在。2020年10月10日，在主变压器吊罩前，测量铁芯对地绝缘电阻为7.1GΩ，夹件对地绝缘电阻仍为零，夹件仍然存在多点接地故障。查询主变压器铁芯、夹件接地电流，其中，2015年3月20日检测发现夹件接地电流为9.93A，铁芯接地电流合格，通过采取加装限流电阻措施后，夹件接地电流降为6mA。

（2）绕组绝缘、介质损耗及电容量试验：开展吊罩前绕组绝缘电阻、介质损耗及电容量试验，试验合格。

（3）低电压短路阻抗试验：开展低电压短路阻抗测试，测得低电压短路阻抗值为10.60%，铭牌值为10.58%，初值差未超过±2%，试验合格。

（4）绕组变形试验：开展频响法绕组变形测试，高、低压侧频响曲线如图3-4-1和图3-4-2所示，相关系数见表3-4-1和表3-4-2。

1）高压侧。由高压侧频响曲线可见，在低频段B相绕组响应特性曲线与A、B相绕组响应特性曲线的波峰位置有明显变化，且通过相关系数值可判断高压绕组可能存在轻度变形现象。

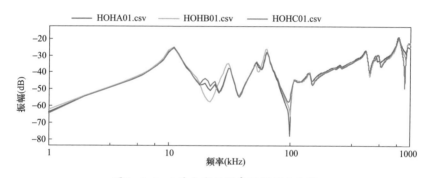

图3-4-1 1号主变压器高压侧频响曲线

表3-4-1 1号主变压器高压侧相关系数

相关频段（kHz）	相关系数R_{12}	相关系数R_{13}	相关系数R_{23}
低频LF [1, 100]	1.34	1.54	1.24
中频MF [100, 600]	1.59	1.25	1.59
高频HF [600, 1000]	1.80	0.54	0.66
全频AF [1, 1000]	1.85	1.13	1.22

2）低压侧。由低压侧频响曲线可见，在低频段三相响应特性曲线的波谷不在同一位置，且通过相关系数值可判断低压绕组可能存在轻度变形现象。

根据高、低压侧测试结果，引用DL/T 911—2016《电力变压器绕组变形的频响法分析法》的规定，该主变压器高、低压绕组均存在轻度变形现象。

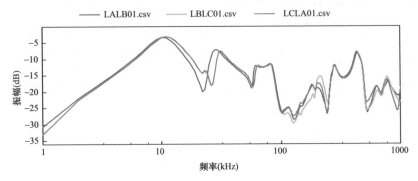

图3-4-2 1号主变压器低压侧频响曲线

▼ 表3-4-2　　　　　　　　　　　1号主变压器低压侧相关系数

相关频段（kHz）	相关系数R_{12}	相关系数R_{13}	相关系数R_{23}
低频LF［1，100］	1.05	1.08	2.96
中频MF［100，600］	1.35	1.98	1.38
高频HF［600，1000］	1.14	0.71	0.56
全频AF［1，1000］	1.30	1.21	1.16

（5）油色谱试验。考虑到季节对油色谱分析的影响，尽可能选取同季节油色谱数据，且夏季负荷较大，更容易反映主变压器可能存在的缺陷，主变压器油色谱数据见表3-4-3。

▼ 表3-4-3　　　　　　　　　　　　主变压器油色谱数据　　　　　　　　　　　　μL/L

取样日期	氢气	甲烷	乙烯	乙烷	乙炔	一氧化碳	二氧化碳	总烃
2009-06-17	30	3.0	1.0	1.0	0.0	375	678	5
2011-07-22	32	15.1	8.2	3.6	1.4	843	1390	28.3
2012-06-29	21	16.8	6.5	2.3	1.3	258	1415	26.9
2019-08-15	51	89.7	42.8	21.2	4.2	2109	5506	157.9
2020-07-01	38	88.4	45.3	23.1	4.3	2000	5694	161.1

2.解体检查及诊断分析

对主变压器开展吊罩检查,发现C相绕组上方绝缘压环断裂,木制压块紧固处受力开裂,绕组下方存在大量绝缘纸屑,如图3-4-3和图3-4-4所示。

图3-4-3 绝缘压环断裂   图3-4-4 木制压块紧固处开裂

由表3-4-3可知,乙炔、总烃等整体呈上升趋势,氢气无明显变化,乙炔逐渐逼近Q/GDW 1168—2013《输变电设备状态检修试验规程》中5μL/L注意值,总烃超过150μL/L注意值。

为进一步讨论乙炔产生的原因,选取近三次数据进行三比值法分析,数据及编码见表3-4-4,编码组合均为0/2/1,根据DL/T 722—2014《变压器油中溶解气体分析和判断导则》可知,主变压器油中乙炔产生的主要原因为中温过热,典型故障中包含铁芯多点接地、硅钢片局部短路等。

▼ 表3-4-4   主变压器油色谱三比值分析数据及编码

试验日期	C_2H_2/C_2H_4	CH_4/H_2	C_2H_4/C_2H_6	三比值编码组合
2020-07-01	0.0949	2.3263	1.9610	0/2/1
2020-10-12	0.0815	2.4918	1.9043	0/2/1

检查发现铁芯与底座之间靠C相侧限位木块与底座未贴紧,存在明显狭缝。C相绕组侧铁芯与大盖底座距离约为3.5cm,同时测量A相同部位距离约为2.5cm,两侧距离不对称,因此判断绕组整体往A相侧移动挤压,主变压器绕组存在整体移位变形,如图3-4-5所示。

图3-4-5　主变压器绕组整体移位

对主变压器上方定位销进行检查时发现，定位销侧面存在油漆破损，如图3-4-6所示。因此进一步判断，夹件绝缘电阻不合格的原因为主变压器发生移位后，夹件定位销与大盖接触，造成运行过程中夹件接地。吊罩后现场对铁芯、夹件对地绝缘电阻进行试验，发现绝缘电阻正常。

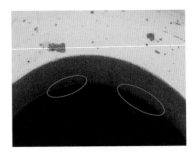

定位销油漆破损　　　　　　　　　大盖处存在破损的油漆

图3-4-6　定位销油漆破损

对主变压器开展解体检查，发现绕组整体靠A相侧移动挤压，绕组存在整体移位变形。该变电站外墙曾发生10kV线路单相接地短路（近区短路），馈线断路器发生拒动，引起主变压器低后备保护动作，故障持续时间较长时间后310断路器跳闸，持续短路电流冲击可能引起主变压器绕组变形。

综上所述，移位变形导致夹件定位销侧面与主变压器本体大盖搭接，造成运行过程中的夹件接地。变压器夹件多点接地，导致运行过程中产生环流，进而造成铁芯局部过热，引发变压器油在高温下分解出乙炔。同时，该主变压器近年来负载率持续上升，且散热片存在堵塞，迎峰度夏期间油温高于75℃，促使油中乙炔含量增加。

● 3.4.5　监督意见及要求

（1）按照国家电网设备〔2018〕979号《国家电网公司十八项电网重大反事故措施（2018年修订版）》的要求，为防止主变压器近区短路冲击损坏，应结合停电加强主变压器中、低压侧引线、端子以及变电站出口2km范围内10~35kV线路绝缘化改造力度。针对抗短路能力不足的主变压器，结合技改项目加快主变压器更换。

（2）完善主变压器短路电流冲击档案的建立，详细记录短路电流大小、短路位置及短路原因等关键信息，以便后期检修发现问题时溯源，提高案例分析的准确性和有效性。

3.5　110kV变压器漏磁通导致大盖螺栓异常发热分析

- ● 监督专业：电气设备性能
- ● 设备类别：变压器
- ● 发现环节：运维检修
- ● 问题来源：设备制造

● 3.5.1　监督依据

Q/GDW 1168—2013《输变电设备状态检修试验规程》

Q/GDW 11085—2013《油浸式电力变压器（电抗器）技术监督导则》

● 3.5.2　违反条款

依据Q/GDW 1168—2013《输变电设备状态检修试验规程》中5.1.1.2的规定，巡检时，具体要求说明如下：①外观无异常，油位正常，无油渗漏；②记录油温、绕组温度，环境温度、负荷和冷却器开启数组。

● 3.5.3 案例简介

2021年8月2日某变电检修公司运行人员迎峰度夏特巡时发现，110kV某变电站1号主变压器本体大盖螺栓多处发热，最高发热点温度为123℃，多次复测该发热点温度一直维持在120℃左右，如图3-5-1和图3-5-2所示。

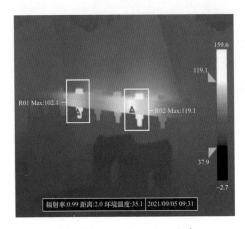 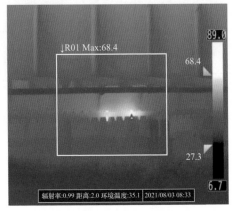

图3-5-1　测点A测温图谱　　　　　图3-5-2　测试点B测温图谱
（温度：119.1℃）　　　　　　　　（温度：68.4℃）

该变压器型号为SSZ11-50000/110，2011年5月生产，2012年6月12日投运至今。该变压器大盖密封垫采用的材料为丁腈橡胶材料，一般试用温度为-30~105℃，发热点温度高于密封垫最高耐受温度，易造成密封垫老化失效。

● 3.5.4 案例分析

1. 现场检查与处理

检修公司专业人员对发热点采用堵磁回路的方式，即更换为不导磁材料，在螺栓处加装不锈钢短接排。加装不锈钢短接片后，测试点B温度基本无变化，测试点A螺栓发热点螺栓1发热温度由102℃降至88℃，螺栓2发热温度由119℃增长至123℃，发现对漏磁点采用堵的方式效果不明显，分析为螺栓本体由于电磁感应作用产生了涡流，而加装不锈钢短接片后，并未改变螺栓本体的磁通密度以及等效电路参数，未解决涡流发热的问题。

故现场改用第二种方式：疏通漏磁点磁回路。疏通漏磁点磁回路的方式可以采用加导磁材料的方式，导磁材料可以用硅钢片或扁铁，本次采用的是扁铁短接的方案。加装扁铁疏通导磁回路后温度均呈现了较大幅度的下降趋势，考虑磁场的变化和磁滞的影响，为降低发热可以增加导磁回路，在点A以最高发热点螺栓2为中心均匀地往外加装扁铁。

综上所述，通过疏通磁回路的方式，可以有效地降低发热点温度，但因本次采用的是扁铁连接的方式，加装后因漏磁还会存在一定的温差具体情况见表3-5-1，降幅曲线如图3-5-3所示。

▼ 表3-5-1　　　　　改进措施与测试点温度降幅数据表

对照试验	改进措施	原温度 t_1（℃）		改进后温度 t_2（℃）		温度降幅 Δt（℃）	
		测量点左	测量点右	测量点左	测量点右	测量点左	测量点右
1	点A螺栓2加装扁铁	102.1	119.1	89.1	113.4	13	5.7
2	点A螺栓1、2加装扁铁	102.1	119.1	75.5	103.6	26.6	15.5
3	点B螺栓加装扁铁	80.7	77.8	69.2	73.1	11.5	4.7
4	点A加装3块扁铁后	102.1	119.1	69.2	68.8	32.9	50.3
5	点A加装5块扁铁后	102.1	119.1	66.4	68.9	35.7	50.2

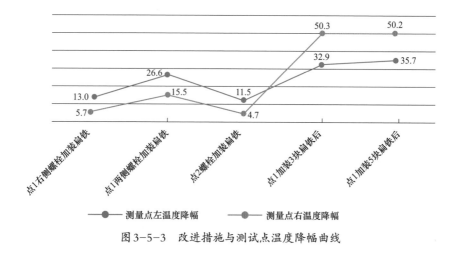

图3-5-3　改进措施与测试点温度降幅曲线

2.发热原因定性分析

发热的原因是漏磁在螺栓本体产生的涡流而导致的电流热效应。定性建模分析影响涡流发热的参数，由于漏磁磁通基本不变，令漏磁磁感应强度在螺栓表面的垂直分量为B_S（如图3-5-4所示），其中

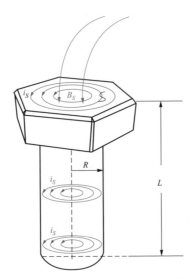

图3-5-4 螺栓表面磁感应强度示意图

$$B_S(t) = \sigma k \frac{I}{d} = \frac{\sigma k}{d} \sin(\omega t + \varphi)$$

设螺栓盖的表面积为S，简化为

$$S = \pi R^2$$

距离中心点r处所产生的感应电动势

$$e_i = \frac{\mathrm{d}\Phi}{\mathrm{d}t} = \frac{\mathrm{d}B_S(t)}{\mathrm{d}t} S_i = \frac{\sigma \omega k}{d} \cos(\omega t + \varphi) \pi r^2, \ r \in (0, R)$$

注意：涡流的横截面积为$S = \Delta d \cdot L$，其中Δd为涡流流经的宽度，电流流经的通路的电阻为

$$R_S = \rho \frac{l}{S} = \rho \frac{2\pi r}{\Delta d \times L}$$

可见，螺栓的长度L会导致电阻R_S变小，在同等磁感应强度变化率的条件下产生更大的电流，导致更强烈的电流热效应，表现为发热明显。

3.改进措施有效性定性分析

由于螺栓、扁铁的导磁率相差较大，两者相差近6~7倍，采用扁铁短接，漏磁磁通分流在扁铁内部流通，使得螺栓产生的感应电动势减小，减少涡流的强度，降低发热量，改变了等效电路模型，不可避免地也会造成扁铁发热，但考虑到涡流的产生机理，扁铁的电阻较螺栓而言相对较大，总体发热量呈现下降趋势。

● **3.5.5 监督意见及要求**

通过上述研究与分析，对解决生产中设备漏磁发热问题可总结出以下4点处理原则：

（1）对于设备的发热问题，首先要诊断设备发热的性质，电和磁发热机理不同，处理发热问题，必须找到设备电或磁致热的原因。

（2）正确理解涡流损耗发热和磁滞损耗发热机理，针对不同的电磁场频率和不同性质的导磁材料，能分清造成设备发热的主要因素。

（3）对生产中的屏蔽处理，要搞清屏蔽的性质，对于电屏蔽应采用零电位或等电位屏蔽；对于漏磁屏蔽，在考虑到磁场频率对屏蔽材料影响的基础上，正确选择低磁阻材料导磁或高磁阻材料隔断磁路通道的不同屏蔽措施。

（4）对于漏磁通不大的变压器螺栓过热故障，可以采用不锈钢螺栓的处理措施；对于漏磁通较大的变压器螺栓过热故障，必须采用硅钢片或短路铁板进行磁通的短路处理措施，因生产实际中硅钢片不易采购，可以采用增加短路铁板的方式进行处理。

3.6 110kV变压器有载调压开关内部绝缘距离不够导致耐压击穿分析

● 监督专业：电气设备性能　　● 设备类别：变压器

● 发现环节：设备验收　　● 问题来源：设备制造

● 3.6.1 监督依据

国网（运检/3）827—2017《国家电网公司变电验收管理规定（试行）》

● 3.6.2 违反条款

依据国网（运检/3）827—2017《国家电网公司变电验收管理规定（试行）》中3.2.2的规定，运检部门应审核出厂试验方案，检查验收项目及试验顺序是否符合相应的试验标准和合同要求。

● 3.6.3 案例简介

2018年6月28日~7月16日，某公司验收小组对某110kV变电站2号主变压器扩建工程110kV主变压器进行出厂验收时，发现在进行高压侧绕组工频耐压时发生绝缘击穿，调查资料发现有载开关与下节油箱对应位置绝缘距离为85mm，远小于设计规范中要求的130mm，供应商未按其设计图纸生产、组装后检测不到位，导致有载调压开关底部金属外壳与变压器下油箱壁的绝缘距离不够造成耐压击穿。该主变压器产品工作号：201806F02，型号：SZ11-50000/110。

● 3.6.4 案例分析

1.验收情况

2018年6月28日，该主变压器在进行高压侧绕组工频耐压时发生绝缘击穿，当天下午在验收小组见证下供应商进行吊罩检查放电原因未果，晚上8点供应商在没有通知验收人员的情况下私自落罩并注油，期间验收人员多次询问放电原因及索要故障点照片供应商均未给予答复，至第二天，供应商方才告知放电点位于有载开关底部与本体箱壁之间，系箱壁存在毛刺导致放电，并提供了现场检查照片4张，如图3-6-1~图3-6-3所示。

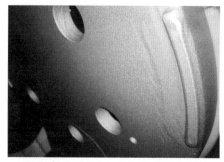

图3-6-1 开关选择机构底盘

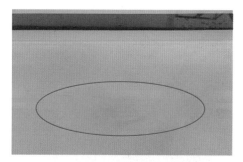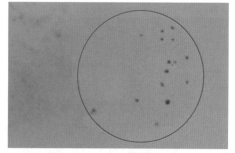

图3-6-2 开关底盘对应位置发现放电痕迹   图3-6-3 放电痕迹放大图

验收小组对该故障原因存疑，要求二次吊检检查故障点并要求查看该主变压器设计图。经验收人员查证设计图，该主变压器有载开关与下节油箱对应位置绝缘距离设计值为130.5mm，如图3-6-4所示，供应商提供的图纸错误

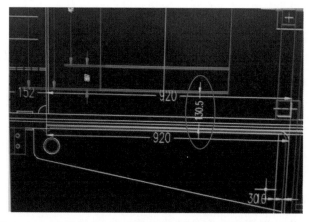

图3-6-4 有载开关与箱壁绝缘距离（主变压器电子版设计图）

地标记为135.5mm，在供应商的故障分析中写明第一次吊检时实测该距离为138mm。按照供应商自身设计规范要求，有载开关下端带电体与箱壁的绝缘距离应大于130mm。

2018年7月3日，对该主变压器进行二次吊检，验收人员与供应商共同实测该距离为85mm，如图3-6-5所示，远小于设计规范中要求的130mm，且与供应商故障分析中的实测值138mm不符，同时验收人员发现供应商在第一次吊检时私自在油箱底部加装了绝缘纸板，如图3-6-6所示。

图3-6-5　实测有载开关底盘对箱壁距离　　图3-6-6　下节油箱箱壁上已加装绝缘纸板

2.专题分析会情况

2018年7月6日，验收小组组织召开专题分析会，会议听取了验收专家有关出厂验收情况的汇报，对变压器绝缘击穿问题进行了分析，对后续工作明确了具体要求。

（1）该110kV 2号主变压器扩建工程变压器绝缘击穿的具体原因为供应商未按其设计图纸生产、组装后检测不到位，导致有载调压开关底部金属外壳与变压器下油箱壁的绝缘距离不够，是造成该台变压器绝缘击穿的最主要原因。

（2）要求供应商应于7月9日前出具书面整改方案，经运行单位确认后实施整改。整改完成后，供应商应在运行单位见证下、按全新生产变压器的标准进行出厂试验；根据供应商的整改方案，运行单位有权提出追加部分或全部型式试验项目；整改完毕且试验合格后方可出厂。

3.处理及二次验收情况

2018年7月9日，供应商将四种备选整改方案发送给公司审核，在结合设备安全以及整改的便捷及经济性等多种因素的考虑下，确定采取更换开关底板材质的方案。

该方案具体如下：该型号开关（SHZV Ⅲ-400Y/72.5B-10193W）底盘有两种结构，一种是铝板材料结构，另一种是绝缘材料结构，两者安装尺寸相同，可以互换，开关高度基本不变。

将现有开关底盘（铝件）更换为绝缘底盘，其余保持不变，其绝缘距离将增加至140mm以上，满足设计规范要求。

7月12日，供应商对该主变压器进行了改造，改造后，有载分接开关下端带电体与油箱箱壁的绝缘距离增大至170mm以上，具体情况如图3-6-7~图3-6-9所示。

图3-6-7　原装有载开关金属底盘及转轴　　图3-6-8　改装用有载开关绝缘底盘及转轴

图3-6-9　有载开关下端金属底盘及配件更换为绝缘底盘及配件后

7月15~16日，该主变压器完成了绝缘改造后的外施工频耐压、局部放电检测等各项出厂试验，试验均合格。

4.其他问题

验收小组在查证该主变压器设计图时，发现该供应商中标的其他工程变压器存在设计图与故障主变压器相同或近似的情况，要求供应商对该批次变压器进行排查，经过图纸审核和实际测量，确定有3台变压器同样存在有载开关下端带电体与箱壁绝缘距离不满足设计规范的情况，要求供应商制定计划对该3台变压器进行整改。

● 3.6.5 监督意见及要求

（1）设备制造阶段驻厂监造人员应严格履职，加强产品制造过程见证及监督。

（2）500kV及以下变压器出厂验收应对变压器外观、出厂试验中的外施工频耐压试验、操作冲击试验、雷电冲击试验、带局部放电测试的长时感应耐压试验、温升试验或过电流试验等关键项目进行旁站见证验收，对发生耐压击穿问题的必须在验收人员见证下进行吊罩检查，查明放电击穿原因。

3.7 110kV变压器套管将军帽与内部导电头未旋紧导致发热异常分析

● 监督专业：电气设备性能 ● 设备类别：变压器

● 发现环节：运维检修 ● 问题来源：设备安装

● 3.7.1 监督依据

GB 50148—2010《电气装置安装工程 电力变压器、油浸电抗器、互感器施工及验收规范》

DL/T 664—2016《带电设备红外诊断应用规范》

Q/GDW 1168—2013《输变电设备状态检修试验规程》

● **3.7.2 违反条款**

（1）依据DL/T 664—2016《带电设备红外诊断应用规范》附录H的规定，以套管顶部柱头为最热的热像，55℃≤热点温度≤80℃或相对温差δ≥80%属于严重缺陷。

（2）依据GB 50148—2010《电气装置安装工程 电力变压器、油浸电抗器、互感器施工及验收规范》中4.8.8的规定，均压环表面应光滑无划痕，安装牢靠且方向正确。

（3）依据Q/GDW 1168—2013《输变电设备状态检修试验规程》中5.1.1.1的规定，1.6MVA以上变压器，各相绕组电阻相间差别应不大于三相平均值的2%（警示值），无中性点引出的绕组，线间差别不应大于三相平均值得1%（注意值）。

● **3.7.3 案例简介**

2020年7月19日，某公司运维人员在对110kV某变电站巡视过程中发现2号主变压器高压侧C相套管上端红外异常，发现2号主变压器高压侧C相套管上端将军帽发热温度76.2℃，正常相对应位置温度为45.8℃，环境温度为45℃，负荷电流为109A，属于严重缺陷。检查发现2号主变压器高压侧C相套管上端柱头发热是由于套管将军帽与内部导电头未紧固到位，螺纹间压力不足导致。经检修人员紧固处理后，送电复测无异常。

主变压器型号：SSZ11-50000/110，出厂日期2016年8月18日；主变压器高压侧套管型号为：BRDLW-126/630-4，出厂日期为2016年6月11日。

● **3.7.4 案例分析**

1.带电检测情况

2020年7月19日，检测人员发现2号主变压器高压侧C相套管顶部异常发热，发热温度达76.2℃，正常相对应位置温度为45.8℃，环境温度为45℃，负荷电流为109A，红外图谱如图3-7-1所示。

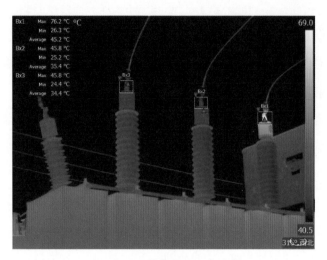

图3-7-1 异常发热红外图谱

通过缩小红外检测温宽，判断发热部位于为套管内部导电头与将军帽连接部位。通过查阅相关的资料，该变压器套管将军帽外观及内部结构如图3-7-2所示。

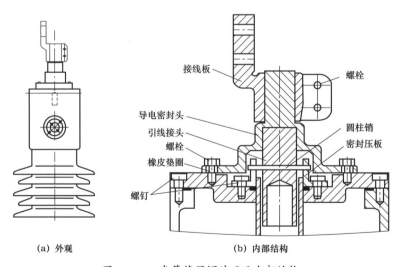

(a) 外观   (b) 内部结构

图3-7-2 套管将军帽外观及内部结构

该结构由变压器内部引线与引线接头焊接后，再与导电头通过螺纹连接，导电头与套管接线端子之间通过螺栓夹紧连接，套管接线端子与外部导线接线端子通过螺栓连接。但本身结构设计上存在缺陷就是套管引线头到密封头少一个定位螺母，容易导致主变压器引线头与导电密封头连接不紧导致发热。所以初步判断该发热缺陷是由于导电密封头与引线头螺纹连接只靠螺牙，直接接触的力量不够紧密；或连接深度不够导致接触界面不够使连接电阻偏大引起过热。

根据DL/T 664—2016《带电设备红外诊断应用规范》的规定，判定该发热缺陷为严重缺陷，需尽快停电处理。

2.诊断试验及检查

检测人员立即将此情况反映市公司运检部申请停电处理，决定于2020年7月20日凌晨进行停电检查处理。停电后，试验人员对2号主变压器进行直流电阻测试。在运行分接头下，高压侧直流电阻为A0：472.1mΩ、B0：487.3mΩ、C0：500.8mΩ，各相绕组电阻相间差别应与三相平均值差别为5.89%。违反了Q/GDW 1168—2013《输变电设备状态检修试验规程》的规定。

试验放电后，一次检修人员对2号主变压器高压侧套管顶部进行解体检查，发现B、C相将军帽与内部导电头未紧固到位，安装时本应将将军帽与导电头之间螺纹旋紧到位后安装固定螺栓，但现场检查发现B、C相将军帽与导电头连接不紧密，将军帽与均压环间存在缝隙，将军帽与导电杆还能旋紧数圈，如图3-7-3所示。在安装将军帽过程中，安装人员未将将军帽与导电头旋紧到位即安装了固定螺栓，在变压器负荷增加时由于螺纹配合压力不足，在接触处产生过热情况。违反了GB 50148—2010《电气装置安装工程 电力变压器、油浸电抗器、互感器施工及验收规范》的规定。

图3-7-3 异常发热套管导电头

3.处理与复测

发现问题后，一次检修人员对B、C相将军帽与导电头之间螺纹旋紧到位后安装固定螺栓。试验人员再次对2号主变压器进行直流电阻测试。在运行分接头下，高压侧直流电阻为A0：472.5mΩ，B0：473.6mΩ，C0：475.5mΩ，各相绕组电阻相间差别应与三相平均值差别为0.63%，在规程允许范围内。送电后，红外检测无异常，红外图谱如图3-7-4所示。

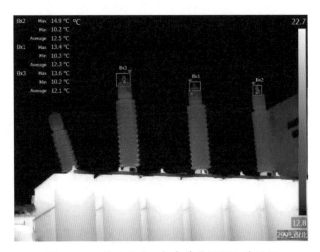

图3-7-4 处理后对三相套管将军帽红外测温

● 3.7.5 监督意见及要求

（1）严把设备验收关，严格按照《国家电网公司变电验收管理规定　第一分册　油浸式变压器（电抗器）验收细则》《变压器全过程技术监督精益化管理实施细则》、GB 50148—2010《电气装置安装工程　电力变压器、油浸电抗器、互感器施工及验收规范》等相关要求对主变压器开展验收，对不符合要求的设备及时提出整改措施，避免设备带"病"入网。

（2）加强对主变压器的带电检测工作，主变压器设备注意加强对套管、瓦斯及散热器等部位的重点检测，及时发现和诊断存在的发热异常，必要时缩小红外温宽，定位发热部位；对异常发热情况做出准确的分析判断，并密切监视设备的异常变化，必要时进行停电检修。

3.8 110kV变压器内部接触不良导致低压侧直流电阻不平衡率超标分析

● 监督专业：电气设备性能　　● 设备类别：变压器

● 发现环节：运维检修　　● 问题来源：设备安装

● 3.8.1 监督依据

《国家电网公司变电检测管理规定　第22分册　直流电阻试验细则》

● 3.8.2 违反条款

依据《国家电网公司变电检测管理规定　第22分册　直流电阻试验细则》中4.1.1的规定，1.6MVA以上变压器，各相绕组电阻相间的差别，不大于三相平均值的2%（警示值）；无中性点引出的绕组，线间差别不应大于三相平均值的1%（注意值）。

● 3.8.3 案例简介

2019年5月21日，在对110kV某变电站2号主变压器进行首次例行试验时发现其10kV低压侧直流电阻不平衡率达9.45%，超过2%的标准。5月22日，对低压侧直流电阻进行复测，直流电阻数据无变化，低压侧直流电阻不平衡率仍然超标。随后，对2号主变压器进行了短路阻抗、变比及绕组变形试验，试验均合格。本次及历史油化试验均合格。根据现场试验情况进行分析判断：该主变压器低压侧直流电阻不平衡率超标应是10kV C相套管导电杆至C相绕组引线段存在接触不良所致。检修人员对2号主变压器10kV C相套管进行打开检查，发现10kV C相套管导电杆与内部软连接板的螺栓松动，其中两颗螺丝与连接板间有明显的缝隙（约10mm，扳手可紧固7~9圈）。对松动螺丝进行紧固后，再次进行绕组直流电阻试验，试验合格。

该主变压器型号：SSZ11-50000/110；出厂日期：2017年9月。

● 3.8.4 案例分析

1. 试验数据分析

2019年5月21日，在对110kV某变电站2号主变压器进行例行试验时，发现其10kV低压侧直流电阻不平衡率达9.45%，超过2%的标准，其他例行试验项目数据合格。对2号主变压器低压侧直流电阻采取不同的接线方式进行测试，试验数据（油温24℃）见表3-8-1。

▼ 表3-8-1 直流电阻数据

试验方法	ab（mΩ）	bc（mΩ）	ca（mΩ）	不平衡系数（%）
单通道	5.446	5.955	5.979	9.20
三通道	5.456	6.032	6.057	10.27
助磁法	5.490	6.022	6.043	9.45
试验仪器：JYR #1				

　　5月22日，更换试验仪器对该主变压器低压侧直流电阻进行复测，试验数据（油温20℃）见表3-8-2。

▼ 表3-8-2　　　　　　　　　　　**直流电阻复测数据**

试验方法	ab（mΩ）	bc（mΩ）	ca（mΩ）	不平衡系数（%）
单通道	5.450	6.061	6.085	10.83
试验仪器：SM333 #1				

　　随后，对主变压器进行了短路阻抗、变比及绕组变形试验，试验均合格（见表3-8-3）。对该主变压器取油样进行油色谱分析，油色谱检测数据正常。

▼ 表3-8-3　　　　　　　　　　　**试验数据**

测试部位	分接开关位置	短路阻抗	变比		
			ab	bc	ca
高-低	9b	18.20%	10.487	10.482	10.487
初值差（%）		−0.37%	0.1%	0.06%	0.1%
高-低	1	—	11.560	11.556	11.561
初值差（%）		—	0.31%	0.28%	0.32%
试验仪器		SM503B	BCSM63		

　　对比出厂、交接以及本次例行试验数据（均将电阻值换算到出厂油温32℃下），可知本次例行试验中主变压器低压侧bc与ca两线电阻异常增大，见表3-8-4，ab线电阻与出厂值接近（交接试验时未解开低压侧接线板，故交试值偏大）。因该主变压器低压侧为三角形接线，结合绕组结构，可判断10kV C相套管导电杆至C相绕组抽头段存在接触不良导致bc与ca两线电阻偏大。

　　同时，结合主变压器高-低变比、短路阻抗及绕组变形试验，可知10kV C相绕组本身不存在内部短路情况。

▼ 表3-8-4 试验数据

时间节点	ab（mΩ）	bc（mΩ）	ca（mΩ）	不平衡系数（%）
出厂	5.719	5.720	5.744	0.43
交接	5.890	5.864	5.880	0.44
2019-05-21	5.660	6.206	6.230	9.45
2019-05-22	5.707	6.346	6.372	10.83

综合以上试验数据分析，并结合设备结构，判断该主变压器10kV C相绕组与套管导电杆连接部位存在接触不良。

2.检查处理

5月22日16时，对主变压器10kV C相套管进行打开检查，发现10kV C相套管导电杆与内部软连接板的螺丝松动，螺栓与连接板间有明显的缝隙（约8mm），如图3-8-1所示。

图3-8-1 外观检查示意图

该主变压器10kV C相套管导电杆与内部软连接板由4颗螺丝紧固连接，检查发现其中两颗螺丝基本不起固定作用、严重松动（扳手可紧7~9圈），另外两颗螺丝有轻微松动（扳手可紧1~2圈）。

对松动螺丝进行紧固后，再次进行绕组直流电阻试验，试验合格，数据见表3-8-5。

▼ 表3-8-5 直流电阻数据

	ab（mΩ）	bc（mΩ）	ca（mΩ）	不平衡系数（%）
单通道	5.465	5.462	5.484	0.40
试验仪器：JYR #1				

5月23日16时50分，该变压器首检完成并按时复电，带负荷检查正确，投运正常。

● 3.8.5 监督意见及要求

（1）该主变压器为2017年9月生产、2017年11月投运，运行1年半时间即出现上述质量事件，暴露出厂家制造工艺或工艺流程存在严重问题。应通告厂家，严格安装工艺，避免再次出现类似危急缺陷。并对供应商进行评价。

（2）例行试验要严格执行试验标准，遇到异常情况要深入分析并精准诊断原因，为检修快速处理提供可靠依据。

（3）检修人员要熟悉设备结构，掌握设备的制造工艺及工艺流程，遇到异常情况时能迅速做出检修方案，并迅速定位缺陷进行消缺，保证设备按时复电可靠运行。

3.9 110kV变压器高压中性点套管导杆接触不良导致介质损耗异常分析

● 监督专业：电气设备性能　　● 设备类别：变压器
● 发现环节：运维检修　　　　● 问题来源：安装调试

● 3.9.1 监督依据

Q/GDW 1168—2013《输变电设备状态检修试验规程》

● 3.9.2 违反条款

依据 Q/GDW 1168—2013《输变电设备状态检修试验规程》中5.7.1.1的规定，套管介质损耗注意值不大于1%。

● 3.9.3 案例简介

2018年6月12日，试验人员对110kV某变电站1号主变压器进行例行试验，发现变压器O相套管介质损耗数据超注意值（介质损耗值：2.711%，Q/GDW 1168—2013《输变电设备状态检修试验规程》规定套管介质损耗注意值不大于1%），其他相数据正常。

该主变压器压型号为SSZ10–31500/110，2005年12月13日出厂，2006年9月19日投运。

● 3.9.4 案例分析

1.试验数据

2018年6月12日，试验人员对1号主变压器进行套管介质损耗时发现主变压器O相存在异常，测试数据见表3-9-1。

▼ 表3-9-1　　　　　　　　　高压套管试验数据

测试部位	介质损耗值%	铭牌电容量（pF）	实测电容量（pF）	偏差（%）	末屏绝缘（MΩ）	
A相套管	0.081	309	313.7	1.52	12000	试验采用正接法，试验电压10kV
B相套管	0.075	310	314.0	1.29	12000	
C相套管	0.176	310	314.1	1.32	12000	
O相套管	2.711	373	367.2	-1.55	11000	
使用仪器：山东泛华A1-6000D介质损耗测试仪A80110D 福建凯特KEW3121A　2500V　100000MΩ 指针式绝缘电阻192784号						

试验人员对O相套管外观检查：油位正常，瓷套完整无破损，无内外渗漏现象。为进一步确认异常原因所在，对O相套管进行末屏介质损耗测量（诊断试验），试验数据：反接线测量，介质损耗值：14.58%，Q/GDW 1168—2013《输变电设备状态检修试验规程》规定套管末屏介质损耗注意值不大于1.5%，试验不合格，其余试验均合格。

2.分析判断

一般导致介质损耗因数偏大的原因可能有：

（1）试验接线一次回路接触不良（将军帽松动、导电杆松动或套管末屏接触不良）；

（2）套管内部受潮、击穿，表面潮湿、脏污；

（3）高压引线与套管夹角太小存在杂散电容。

结合电容量综合分析，由于电容量初值差在允许偏差范围内，绝缘电阻、主变压器绕组电阻等各项测试指标合格，可排除套管内部受潮、绝缘击穿的可能。套管介质损耗值异常原因可能由外绝缘或绝缘部件性能劣化、脏污或套管内部导电杆与瓷套结合不紧密导致接触不良等原因导致。

3.故障查找及处理

对1号主变O相套管外绝缘及瓷件外观检查未发现异常，在打开将军帽后发现O相套管导电杆连接松动，导电杆出线端部与瓷套安装结合不紧密，导电杆外表氧化严重（如图3-9-1所示）；现场对该部位进行打磨、紧固处理后试验，O相套管介质损耗数据恢复正常（介质损耗值：0.236%，电容量：374.7pF，电容量初值差：0.46%）。2018年6月14日该变压器正常运行。

综上所述，该主变压器由于安装时工艺不良或运行中振动导致导电杆出线端部与瓷套接触不良，在进行介质损耗试验时相当于在试验回路中串入一个纯阻性电阻，由于总电容量无明显变化，从而导致套管O相介质损耗测试值明显增大。

图 3-9-1　导电杆具体情况

3.9.5　监督意见及建议

套管介质损耗因数和电容量测量是判断套管绝缘状况的一项重要手段。由于套管体积较小，电容量较小（几百皮法），因此测量其介质损耗可以较灵敏地反映套管劣化受潮及某些局部缺陷。

（1）现场试验过程中，试验人员要熟知设备结构，认真检查各个试验环节，结合相关试验数据综合分析，得出正确的试验结论，避免对被试品进行误判、错判。

（2）测量时应尽量使套管附近无梯子、构架等杂物，试验人员远离被试套管，以提高测量准确度。

（3）现场测量变压器套管介质损耗因数时，如发现数据异常，应先排除末屏小套管表面脏污、内部断线、接触不良等因素导致的变压器套管介质损耗因数超标现象，避免误判。

3.10　110kV变压器抱箍材质不良导致直流电阻不平衡分析

- 监督专业：电气设备性能
- 设备类别：变压器
- 发现环节：运维检修
- 问题来源：设备制造

● 3.10.1 监督依据

Q/GDW 1168—2013《输变电设备状态检修试验规程》

《国家电网公司变电检测通用管理规定 第1分册 红外热像检测细则》

● 3.10.2 违反条款

依据 Q/GDW 1168—2013《输变电设备状态检修试验规程》中规定，1.6MVA以上变压器，各相绕组电阻相间的差别不应大于三相平均值的2%（警示值），无中性点引出的绕组，线间差别不应大于三相平均值的1%（注意值）；1.6MVA及以下的变压器，相间差别一般不大于三相平均值的4%（警示值），线间差别一般不大于三相平均值的2%（注意值）。

● 3.10.3 案例简介

2017年6月，试验人员对某110kV变电站进行红外测温时发现1号主变压器A相高压套管上桩头红外图谱异常，其热点温度分别为A相48.5℃、B相32.7℃、C相32.9℃，初步分析发热原因可能为抱箍线夹接触不良。进行部位排查发现将军帽顶部接触部位氧化、紧固螺栓锈蚀，且抱箍线夹材质为黄铜，其侧面存在明显裂纹，更换抱箍线夹并打磨顶盖接触部位后，直流电阻试验合格。

● 3.10.4 案例分析

1.试验数据分析

该变压器红外测温如图3-10-1所示。由图中可以看出，其桩头热点温度分别为A相48.5℃、B相32.7℃、C相32.9℃，根据《国家电网公司变电检测通用管理规定 第1分册 红外热像检测细则》，判断为一般缺陷。

根据现场实际情况判断，推测导致A相桩头温度较高的原因可能有以下两种：

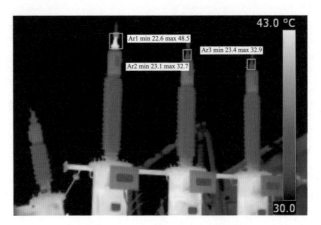

图 3-10-1　1号主变压器红外测温图

（1）抱箍线夹内部或将军帽顶部存在氧化或锈蚀。

（2）抱箍线夹紧固螺栓松动。

2.现场检查与处理

2017年11月，结合停电进行例行试验和消缺，检修人员对该变压器高压侧桩头处进行检查，过程如下：

（1）取下A相抱箍线夹，发现侧面存在一条明显纵向裂纹，如图3-10-2所示。对其进行成分分析，发现其为黄铜抱箍，含有大量的Cu和Zn，同时Sn和Pb含量分别达到2.61%及3.04%，合金中Pb含量超标，不合格。

(a) 抱箍线夹

(b) 裂纹

图 3-10-2　1号主变压器高压侧A相抱箍线夹及裂纹

（2）取下抱箍后，将接线钳直接夹在导电杆上，测量三相高压绕组直流电阻，A相直流电阻试验结果仍然偏大。

（3）打开将军帽顶盖，发现顶盖紧固螺栓及其周围明显锈蚀，并且顶盖接触部位存在明显氧化痕迹，如图3-10-3所示。

（a）固定螺栓 　　　　　　　　　　（b）接触面锈蚀氧化

图3-10-3 固定螺栓及接触面锈蚀氧化

更换抱箍，打磨导电杆以及顶盖接触部位后，重新进行三相高压绕组的直流电阻测量，试验结果合格。将消缺前例行试验和消缺前后A相高压绕组直流电阻以及不平衡率试验结果进行对比，见表3-10-1。

▼ 表3-10-1　　　　　　　　　　直流电阻及不平衡率试验数据

挡位	消缺前				消缺后	
	OA（Ω）	OB（Ω）	OC（Ω）	不平衡率（%）	OA（Ω）	不平衡率（%）
1	0.7358	0.7194	0.7203	2.26	0.6968	1.07
2	0.7258	0.7092	0.7101	2.32	0.6846	0.96
3	0.7139	0.6961	0.6968	2.53	0.6726	0.84
4	0.6994	0.6829	0.6847	2.39	0.66	0.81
5	0.6867	0.6700	0.6713	2.47	0.6478	0.75
6	0.6740	0.6569	0.6583	2.58	0.6352	0.74

挡位	消缺前				消缺后	
	OA（Ω）	OB（Ω）	OC（Ω）	不平衡率（%）	OA（Ω）	不平衡率（%）
7	0.6593	0.6451	0.6493	2.18	0.6244	0.69
8	0.6500	0.6328	0.6343	2.69	0.6117	0.70
9	0.6381	0.6191	0.6193	3.04	0.5999	0.46
10	0.6381	0.6191	0.6193	3.04	0.5999	0.46
11	0.6381	0.6191	0.6193	3.04	0.5999	0.46
12	0.6551	0.6389	0.6418	2.51	0.6135	0.42
13	0.6648	0.6470	0.6493	2.72	0.6259	0.38
14	0.6781	0.6602	0.6622	2.68	0.6387	0.38
15	0.6905	0.6731	0.6753	2.56	0.6511	0.37
16	0.7004	0.6862	0.6914	2.05	0.6637	0.38
17	0.7164	0.6980	0.6992	2.61	0.6746	0.34
18	0.7257	0.7086	0.7094	2.39	0.6875	0.32
19	0.7343	0.7186	0.7196	2.17	0.6988	0.35

● 3.10.5 监督意见及要求

（1）新设备安装投运时，应严格执行反措要求，检查主变压器抱箍线夹材质。

（2）开展主变压器抱箍隐患排查，利用红外测温技术发现抱箍部位是否存在发热缺陷，若抱箍部位发热，应采用高倍望远镜进行检查，观察记录抱箍是否开裂，根据缺陷特征和性质制定相应的处理方案。

（3）对于抱箍线夹等电流致热型缺陷，可以结合直流电阻测量、金属成分分析等试验进一步分析发热的具体原因，再根据发热部位及原因采取相应的检修策略。

3.11　110kV变压器有载分接开关油箱底部螺栓松动导致渗油分析

- 监督专业：电气设备性能　　● 设备类别：变压器
- 发现环节：运维检修　　● 问题来源：运维检修

● **3.11.1　监督依据**

Q/GDW 1168—2013《输变电设备状态检修试验规程》

● **3.11.2　违反条款**

依据Q/GDW 1168—2013《输变电设备状态检修试验规程》中7.1的规定，绝缘油例行试验项目表98中变压器油中含气量注意值：≤3%。

● **3.11.3　案例简介**

某110kV变电站2号主变压器本体绝缘油乙炔含量逐年升高，2015年9月达到峰值后乙炔含量出现下降。2016年3月，开展2号主变压器修前试验与吊罩检查，底盖切换开关和选择开关之间的传动轴部位存在明显渗漏现象，因此推测主变压器绝缘油乙炔超标是由于分接开关内的油渗漏到变压器本体所致。进一步检查发现油箱底部部分螺栓松动，紧固后无渗漏油现象。

● **3.11.4　案例分析**

1.试验数据分析

该主变压器本体绝缘油在2007年检测出乙炔含量为0.99μL/L，2012年8月增长到2.35μL/L，至2013年3月份乙炔含量7.98μL/L，已超标，2015年9月达到11.25μL/L的峰值，之后乙炔含量出现下降，油色谱部分试验数据见表3-11-1。

2016年3月27日，结合2号主变压器周期性大修，开展了主变压器的修前试验和吊罩检查，吊罩时发现底盖切换开关和选择开关之间的传动轴

▼ 表3-11-1　　　　　　　　　　　2号主变压器油色谱部分试验数据

序号	试验日期	氢H$_2$	一氧化碳CO	二氧化碳CO$_2$	甲烷CH$_4$	乙烯C$_2$H$_4$	乙烷C$_2$H$_6$	乙炔C$_2$H$_2$	总烃	油温（℃）
1	2012-08-03	7.83	455.65	11481.9	5.38	39.91	1.89	2.35	49.53	58
2	2013-03-22	13.75	737.66	10792.8	7.89	59.9	2.76	7.98	78.53	44
3	2015-09-01	6.582	470.69	10908.52	10.727	65.327	3.006	11.25	89.854	52
4	2015-10-14	4.065	661.69	9857.18	9.076	58.072	2.55	8.75	78.457	48.5
5	2015-11-10	3.5	650.46	10147.32	8.69	60.19	3.87	8.82	81.57	38
6	2015-12-10	4.863	688.32	10014.52	8.207	54.212	2.158	7.90	72.477	40
7	2016-03-03	3.216	531.00	8724.765	8.543	55.5	2.527	8.37	74.937	46
8	2016-03-27	4.974	587.664	9030.557	8.695	56.203	2.48	8.626	76.004	35

部位存在明显渗漏现象，检修人员怀疑分接开关内的油渗漏到变压器本体。

2. 现场检查与处理

2016年3月27日，该主变压器停电进行检查与试验，现场测量了直流电阻、有载分接开关过渡电阻、绝缘电阻、绕组变形、介质损耗、局部放电等试验项目。试验数据均在合格范围内，排除了分接开关和绕组接触不良、绝缘不合格、内部存在放电的可能。

随后对分接开关是否存在渗漏进行了重点检查，将有载分接开关的油放尽，吊出切换开关之后，无法观察到渗漏点。往分接开关油室里灌注一定量的油，静置一段时间之后，观察发现切换开关和选择开关的传动轴部位存在渗漏油现象,如图3-11-1所示,确定了底部传动轴位置即为渗漏油部位。

图3-11-1 切换开关和选择开关连接部位存在渗漏油

进一步对油箱底部螺栓进行检查,发现部分螺栓存在松动,将螺栓拧紧后,再次往分接开关油室内注油,静置后检查无渗漏油的现象,判断底部渗油部位密封圈没有损坏,渗漏油原因是油箱底部螺栓松动所致,如图3-11-2和图3-11-3所示。

图3-11-2 齿轮传动部位渗漏明显

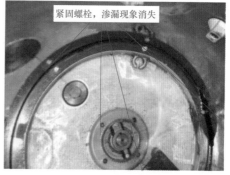

图3-11-3 分接开关油箱底部螺栓松动

3.11.5 监督意见及要求

(1)正确选择适合分接开关油室密封的材料,目前适合油室密封材料有丁腈橡胶和氟橡胶两类,氟橡胶密封件耐油性和耐温性较好,具有永久压缩变形小,抗张强度高、耐磨性好等优点,有载分接开关油室密封应采用氟橡胶材质的密封件。安装过程中，密封垫（圈）必须无扭曲、变形、裂纹和毛刺，密封垫（圈）应与法兰面应平整、清洁，两者尺寸配合准确，其搭接处的厚度应与其原厚度相同，橡胶密封垫的压缩量不宜超过其厚度的1/3。

（2）主变压器有载分接开关安装时，需确保各个附件按图装配，按要求要求用力矩扳手对螺栓进行紧固，防止机械振动导致螺栓松动产生密封问题。

3.12 110kV变压器套管接线头未镀银导致直流电阻异常分析

- 监督专业：金属
- 发现环节：运维检修
- 设备类别：变压器
- 问题来源：运维检修

3.12.1 监督依据

DL/T 1424—2015《电网金属技术监督规程》
Q/GDW 1168—2013《输变电设备状态检修试验规程》

3.12.2 违反条款

（1）依据Q/GDW 1168—2013《输变电设备状态检修试验规程》中5.2.1.1的规定，1.6MVA以上变压器，各相绕组电阻相间的差别不应大于三相平均值的2%。

（2）依据DL/T 1424—2015《电网金属技术监督规程》中5.2.2的规定，铜及铜合金与铜或铝的搭接铜端应镀锡，并且不得有锈迹或变色。

3.12.3 案例简介

2016年3月15日，110kV某变电站全站设备停电检修，试验人员测量1号主变压器直流电阻时，发现高压侧C相的直流电阻存在异常，直流电阻不平衡率偏差较大，有几个挡位的测量数据超过标准2%的规定。拆卸接线桩头，检查发现C相套管接头和桩头没有镀层，导致了直流电阻不合格。

该主变压器型号：SZ11–50000/110；出厂日期：2014年1月。

● 3.12.4 案例分析

1.试验数据分析

3月15日测量该1号主变压器高压侧套管连同绕组直流电阻的时候，发现多个挡位的电阻不平衡率超过了Q/GDW 1168—2013《输变电设备状态检修试验规程》的要求，现场排除仪器与接线等干扰原因后，最终测量的直流电阻结果见表3-12-1。

▼ 表3-12-1　　　　　　　套管连同绕组的直流电阻测量数值

绕组	分接位置	实测值（Ω）			不平衡率（%）
		AO	BO	CO	
高压绕组	1	0.3568	0.3559	0.3641	2.29
	2	0.3498	0.3484	0.3524	1.14
	3	0.3424	0.3415	0.3452	1.08
	4	0.3364	0.3371	0.3413	1.45
	5	0.3293	0.3296	0.3317	0.73
	6	0.3228	0.3233	0.3283	1.69
	7	0.3151	0.3153	0.3178	0.85
	8	0.3085	0.3087	0.3112	0.87
	9	0.3016	0.3021	0.3082	2.17
	10	0.3087	0.3094	0.3133	1.48
	11	0.3149	0.3158	0.3215	2.08
	12	0.3221	0.3228	0.3257	1.11
	13	0.3287	0.3296	0.3324	1.12
	14	0.3357	0.3363	0.3396	1.16
	15	0.3423	0.3435	0.3462	1.13
	16	0.3492	0.3504	0.3545	1.51
	17	0.3557	0.3562	0.3612	1.54
温度：14℃　　湿度：59%　　仪器：HS310A+变压器直流电阻测试仪 #1214094A+					

观察表3-12-1的数据，可以发现正向和负向各有一个分接挡位的电阻不平衡率超过2%，额定挡的电阻不平衡率也超过了2%，大部分的挡位不平衡率超过了1%。C相的直流电阻值明显大于A、B相，因此可以初步确定是由于C相原因造成了三相电阻不平衡偏差超过标准值。

2.现场检查与处理

随后开展了变压器的绕组变形试验、短路阻抗试验、介质损耗测试和分接开关过渡时间/过渡波形等测量，并查阅了历次绝缘油试验数据。上述试验结果均表明变压器内部没有出现问题，于是试验人员将主变压器高压侧套管桩头拆卸，准备重新测量直流电阻时，发现A、B相套管连接头与桩头接触部位有镀银层，C相没有镀银，如图3-12-1和图3-12-2所示。取下接线桩头重

(a) A相　　　　　　　　(b) B相　　　　　　　　(c) C相

图3-12-1　套管接线头

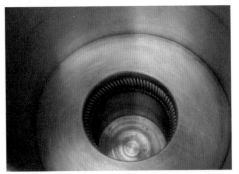

(a) A相镀银　　　　　　　　　　(b) C相未镀银

图3-12-2　接线桩头内部

新测量直流电阻时，直流电阻数据合格，因此可以确定是C相套管接线头与接线桩头接触部位存在问题。

从图3-12-2观察可知，有镀层的桩头内部质地平滑、干净整洁，而没有镀层的接线桩头内部脏污，且出现了锈斑和变色的现象。

铜与空气接触，会发生缓慢的氧化现象，若铜被氧化，它的导电性能将变得很差，而银或锡等镀层能够有效防止铜被氧化，且银或锡镀层即使被氧化后仍能保持良好的导电性能。因此为了保证铜在长期运行中有良好的导电性，通常要求在铜的表面镀上银或锡等防氧化的导电层。C相接线桩头和套管接线头连接部位未镀上防氧化的镀层，随着运行时间的增长，铜逐渐发生氧化，该部位的接触电阻变大，并产生热效应，导电性能降低，导致直流电阻不平衡率偏差超过了标准的要求。

● 3.12.5 监督意见及要求

（1）直流电阻试验是发现变压器直流电阻不平衡的有效方法，但该方法在入厂验收和交接试验时难以发现连接部位没有镀层的问题，因此在验收的时候应对各个部件逐一检查，防止厂家在部件制造过程中偷工减料。

（2）金属材质检测可以与电气试验同时开展，根据例行试验的周期进行金属材质检测，从而及时掌握设备及部件的质量状况，为设备可靠运行提供保障。

3.13 110kV变压器有载调压机构密封不良导致与本体串油分析

● 监督专业：电气设备性能　　● 设备类别：变压器
● 发现环节：运维检修　　　　● 问题来源：设备制造

● 3.13.1 监督依据

Q/GDW 1168—2013《输变电设备状态检修试验规程》

● 3.13.2 违反条款

依据 Q/GDW 1168—2013《输变电设备状态检修试验规程》中5.1.2的规定，外观无异常，油位正常，无油渗漏；5.1.1.10的规定，储油柜、呼吸器和油位指示器，应按其技术文件要求检查。

● 3.13.3 案例简介

110kV某1号主变压器有载调压开关储油柜油位持续异常升高，平均每3个月需进行一次放油处理，初步判断变压器本体与有载调压机构存在串油问题。2016年5月17日，试验人员结合停电对1号主变压器有载调压机构进行检查。发现有载调压机构油室与本体之间密封圈装配工艺不良，密封圈变形，导致本体向有载调压开关内串油，造成有载调压开关油位异常升高。在对密封圈进行更换处理后，油位恢复正常。

该主变压器型号为SSZ10-31500/110，生产日期为2007年11月；有载调压装置型号为CMD Ⅲ-500Y/630-10193，生产日期为2007年10月。

● 3.13.4 案例分析

1.处理方法

2016年5月17日，变电检修一班结合停电吊出分接开关芯子，排净筒内绝缘油，再用干净棉纱反复擦拭干净，直至没有明显油渍，如图3-13-1所示。然后观察法兰结合处、主轴密封处及导电触头处等与本体存在连通可能的地方。

静置3h后，观察发现在如图3-13-2所示红色圆圈处的法兰结合部位有渗油现象，从而判断是主变压器本体与切换开关法兰结合处渗油。

于是先对1号主变压器本体进行放油，将油位降低至主变压器本体顶部以下。再将切换开关室与本体分离，将法兰结合处密封圈取出更换，如图3-13-3所示。

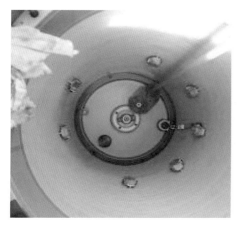
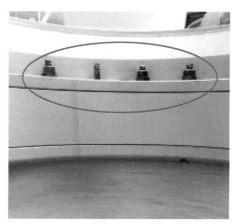

图3-13-1　擦拭干净切换开关室　　　　图3-13-2　渗油部位示意图

图3-13-3　更换法兰处密封圈

　　然后将变压器本体注油至合格位置后，利用变压器本体及储油柜油压，静置观察检查切换开关油室有无渗漏，确定无渗漏油后将切换开关进行复装并注油。处理完毕静置24h后，再进行相关试验合格。

　　缺陷处理后，运行观察分接开关小储油柜油位没有升高现象，确认该缺陷消除。

2.原因分析

　　在拆除原密封圈的过程中发现有一处密封圈未完全处在密封圈槽中，处于上下法兰的对接面中，如图3-13-4中箭头所示。

图 3-13-4 密封圈变形

原密封圈如图 3-13-5 所示,在法兰盘的压接下已经变形。

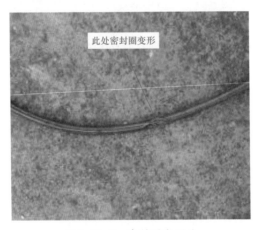

此处密封圈变形

图 3-13-5 密封圈变形处

在变压器组装阶段,为确保密封良好,上述密封圈直径比法兰盘上密封槽的直径要稍小。安装时需要将密封圈撑开落入密封圈槽,并确保密封圈在法兰对接过程中平稳、不变形、不会弹出。

因 1 号主变压器之前未进行过吊罩大修,故判断本台调压装置在出厂装配过程中密封圈未完全装入密封圈槽中,或因密封圈自身弹性在法兰对接过程中从槽中部分滑出。

在变压器投运前几年，因密封圈弹性良好，法兰能可靠密封。随着运行年限增加，密封圈开始老化变形、弹性降低。以上部位密封圈更是由于受到太大的压力作用，导致变形、接触不紧密，在本体及储油柜油压的作用下本体油从此处渗入到有载调压开关油室内，从而造成有载储油柜油位异常升高。

3.13.5　监督意见及要求

（1）加强日常巡视、专业化巡检和监督力度，加强对有载调压油位的检查，检查油位是否处于正常区间，发现类似问题及时处理。

（2）对本体及调压机构油位异常的情况，及时进行油化试验跟踪，排查异常原因。

（3）根据传动主轴、法兰接触面及导电触头等本体与调压机构不同的串油情形，分别制定不同的解决方案。

（4）缺陷处理后，运行观察分接开关小储油柜油位没有升高现象，确认该缺陷消除。

（5）在主变压器安装及吊罩大修过程中，要确保各处密封圈安装可靠，避免串油问题的发生。

3.14　110kV变压器35kV侧中性点绝缘故障分析

- 监督专业：电气设备性能
- 设备类别：变压器
- 发现环节：运维检修
- 问题来源：设备制造

3.14.1　监督依据

Q/GDW 1168—2013《输变电设备状态检修试验规程》

● 3.14.2 违反条款

依据Q/GDW 1168—2013《输变电设备状态检修试验规程》中7.1的规定，绝缘油例行试验项目表98中变压器油中含气量注意值：≤3%。

● 3.14.3 案例简介

2018年7月，某变电站2号主变压器轻瓦斯告警，所带的35kV 404BN相、406ABC相故障跳闸。接到故障信息后，检修及试验人员立即赶到现场，取本体瓦斯气样、油样及本体油样进行色谱分析，发现乙炔含量大幅增长并超标，随即决定立即停电进行诊断试验，发现主变压器中压侧绝缘电阻偏低、介质损耗较大且随测量电压变化而变，判断主变压器中压侧中性点附近发生绝缘故障。吊检发现主变压器中压侧中性点套管引出线绝缘击穿，随后对主变绝缘损坏部位进行处理，对绝缘油进行真空滤油，之后进行耐压、局部放电等试验合格后投入运行，目前运行正常。

● 3.14.4 案例分析

1.试验数据分析

2018年7月某变电站35kV出线发生短路后，2号主变压器本体轻瓦斯告警，检修人员立即赶赴现场，对主变压器瓦斯气体、瓦斯油样及本体油样取气、取油进行色谱分析，试验结果详见表3-14-1。

根据表3-14-1数据可知主变压器轻瓦斯告警后瓦斯游离气、瓦斯油中乙炔和氢气含量很高，主变压器本体绝缘油（底部阀门取油）中乙炔和氢气含量相比于之前正常运行中的特征气体有了较大程度增长，特别是乙炔已超过注意值并快速增长，本体油中一氧化碳和二氧化碳未见增长，说明固体绝缘未明显受损。根据三比值法进行分析，轻瓦斯告警后的本体绝缘油色谱故障编码为102，说明变压器内部可能存在电弧放电现象。对比7月22日和7月23

▼ 表3-14-1   色谱分析试验结果

试验项目 （μL/L）	瓦斯游离气 （2018-07- 22轻瓦斯 告警后）	瓦斯油 （2018-07- 22轻瓦斯 告警后）	主变压器本 体油（2018- 07-22轻 瓦斯 告警后）	主变压器本 体油（2018- 07-23主变 压器 转检修前）	主变压器本 体油（2018- 06-14）
氢气 H_2	68008.125	4848.201	36.502	33.507	4.775
一氧化碳 CO	12620.24	1579.195	1416.258	1381.865	1612.126
二氧化碳 CO_2	11424.356	11843.71	12662.633	12472.149	14034.541
甲烷 CH_4	650.353	210.397	21.784	20.033	20.88
乙烯 C_2H_4	24.46	40.535	26.876	25.183	23.521
乙烷 C_2H_6	2.382	6.412	6.299	5.862	6.98
乙炔 C_2H_2	73.696	81.554	18.011	17.364	0.635
总烃	750.891	338.898	72.97	68.442	52.0160

日凌晨两次油色谱试验结果可知，油中特征气体含量无增长趋势，说明放电现象为非持续性的放电。

根据色谱结果，立即申请停电进行诊断试验，2号主变压器于7月23日0时30分转检修，试验人员对2号主变压器进行了诊断性试验，包括绝缘电阻、绕组连同套管介质损耗及电容量测试、直流电阻测试、短路阻抗和绕组变形测试等，试验数据见表3-14-2。

根据表3-14-2的试验数据，可知2号主变压器中压侧绝缘电阻（R_{15}、R_{60}）值偏低，吸收比偏低，中压侧绝缘不合格；在进行绕组连同套管介质损耗及电容量测试中，中压侧对高、低压及对地升压过程中发生击穿，后采用3、5、6kV电压测量主变压器中压侧介质损耗和电容量，但电压加至6.5kV时，便发生放电击穿。试验数据可分析，电容量没有明显变化，但介质损耗随着电压的升高有明显的变化。在发生故障后主变压器继续运行时，主变压器中压侧A相、B相和C相线端电压约为20kV，而介质损耗试验电压加至

▼ 表3-14-2　　　　　　　　　诊断试验数据结果

1. 绝缘电阻			
绕组绝缘电阻	高压绕组对中压、低压及对地	中压绕组对高压、低压及对地	低压绕组对高压、中压及对地
R_{15}（MΩ）	3500	950	2500
R_{60}（MΩ）	9500	1180	4400
吸收比	2.7	1.24	1.76
铁芯绝缘电阻（MΩ）	1350		
试验仪器	MODEL 3125型数显绝缘电阻表0089413号		
项目结论	不合格		
2. 绕组连同套管介质损耗及电容量			
绕组介质损耗及电容（三绕组）	高压对中、低压及地	中压对高、低压及对地	低压对高、中压及对地
试验电压（kV）	10	3/5/6	10
tanδ（%）	0.507	0.664/0.74/0.905	0.555
电容量（pF）	10330	14470/14480/14480	14260
20℃时tanδ（%）	0.2369	0.3103/0.3458/0.4229	0.2593
电容量历史变化率（%）	-3.7279	0.3467/0.4161	0.2813
试验仪器	AI-6000D自动抗干扰精密介质损耗仪C41001号		
试验方法	反接法		
项目结论	不合格		

6.5kV即击穿；同时结合油色谱试验结果，2号主变压器发生轻瓦斯告警后，不同时间取的油色谱试验结果无明显变化，表明主变压器为非持续性放电。现场进行的直流电阻测试、短路阻抗和绕组变形测试、变比、有载分接开关过渡过程等试验均合格。

综合404保护动作信息、绝缘油色谱、绝缘电阻、介质损耗及电容量试验结果综合分析，2号主变压器中压侧中性点附近发生绝缘故障。可分析404

线路B相发生接地故障，2号主变压器中性点电压升至相电压，中性点绝缘缺陷导致击穿，此时线路B相接地与中性点接地故障构成回路，404保护动作，同时，主变压器内部因故障产生电弧，绝缘油分解产生大量气体，主变压器轻瓦斯动作。

2.现场检查与处理

7月23日上午，检修人员对2主变压器本体进行了放油处理，将本体油位降至上夹件以下，可露出部分夹件与各相引线。随后将中压侧A、B、C、O相套管进行了拆除，对套管引线进行检查。检查发现，A、B、C三相套管内引线绝缘完好，O相套管内引线与夹件存在明显放电迹象，引线表面白布带已有部分区域变黑，夹件部分存在烧损痕迹（如图3-14-1所示），由于2号主变压器35kV侧为中性点非直接接地系统，线路发生单相接地故障时，中性点电压升高为相电压，同时中性点套管引线过长与夹件直接接触，在长期多次线路故障情况下中性点产生高电位，绝缘不断冲击老化最终击穿放电，由此验证了此前的试验判断。

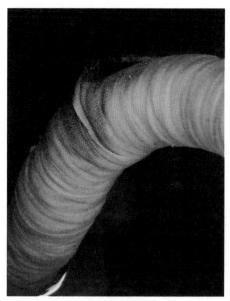
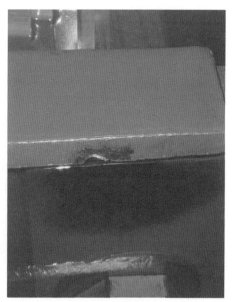

(a) 铜缆放电痕迹　　　　　　　　　(b) 夹件放电痕迹

图3-14-1　铜缆表与夹件表面放电痕迹

将35kV中性点套管引线放电受损部分外绝缘进行剥离，如图3-14-2所示，发现表面绝缘纸与白布带已经碳化，铜缆线芯存在少部分受损。

(a) 绝缘纸碳化   (b) 铜缆损伤

图3-14-2 绝缘纸碳化及铜缆损伤情况

对受损铜缆进行清洁，用绝缘皱纹纸对铜缆表面进行包扎，皱纹纸表面再用白布带进行缠绕，并利用绝缘纸板制作套筒，用白布带缠绕放置在引线底部（如图3-14-3所示），确保修复部分绝缘良好。为保证中性点套管引线

(a) 绝缘皱纹纸   (b) 包扎过程   (c) 放置在引线底部

图3-14-3 用绝缘皱纹纸及白布带包扎

与夹件有足够距离，将引线在瓷套内绕置一圈，以防止引线直接接触夹件，增大绝缘强度。

在主变压器滤油静置24h后，进行了交流耐压、局部放电等试验，均合格。并在耐压、局部放电试验前后取油进行了主变压器绝缘油色谱试验，该主变压器交流耐压、局部放电试验前后，本体油中特征气体含量无明显变化。

3.14.5 监督意见及要求

（1）绝缘油色谱试验作为一项重要的带电检测项目，能有效判断设备运行缺陷，此次主变压器本体轻瓦斯告警，及时进行色谱试验，避免了一起可能发生的主设备事故。

（2）由于制造工艺问题，该主变压器35kV侧中性点引线与上夹件直接接触，线路发生单相接地中性点电位抬升，此处绝缘发生一定的冲击损伤，随着时间积累多次冲击，最终诱发了绝缘击穿的质变。

（3）受当时技术水平、制造工艺等限制，该变压器抵抗突发短路能力低下，发生近区短路等不良工况时对变压器威胁较大。因此有必要举一反三，对老旧变压器抵抗短路能力进行评估、核算，并采取必要的治理措施。

3.15 110kV变压器35kV侧无励磁调压开关触头烧蚀分析

- 监督专业：电气设备性能
- 设备类别：变压器
- 发现环节：运维检修
- 问题来源：设备制造

3.15.1 监督依据

Q/GDW 1168—2013《输变电设备状态检修试验规程》

● **3.15.2 违反条款**

依据Q/GDW 1168—2013《输变电设备状态检修试验规程》中7.1的规定，绝缘油例行试验项目表98中变压器油中含气量注意值：≤ 3%。

● **3.15.3 案例简介**

2018年8月10日，某110kV变电站404线路发生A、B相故障跳闸，随后2号主变压器比率差动保护动作，2号主变压器本体重瓦斯动作，跳开2号主变压器520、420断路器，2号主变压器中压侧母线失压，同时压力释放阀发告警信号。检修人员取瓦斯气体、瓦斯油样及本体油样进行油色谱分析，发现本体及瓦斯油质发黑且存在悬浮物，色谱分析结果显示气样、油样中乙炔含量有大幅增长并严重超标。诊断试验发现主变压器中压侧（星形连接）AO、CO不导通，AB、BC、CA相间不导通，经过调整中压侧无励磁调压开关挡位后，相应试验数据正常，判断主变压器中压侧无励磁调压开关故障为此次主变压器跳闸的主因。吊检发现主变压器中压侧无励磁调压开关触头烧蚀严重，部分铜质部件有熔化现象，更换后对变压器绝缘油进行处理，开展各项检查试验合格后投运，目前主变压器运行正常。

● **3.15.4 案例分析**

1.试验数据分析

2018年8月10日，某110kV变电站35kV出线发生相间短路后，2号主变压器本体重瓦斯动作，检修、试验人员立即赶赴现场，对主变压器本体瓦斯气体、瓦斯油样及本体油样取气、取油进行色谱分析，取样时发现样品油质发黑且存在悬浮物，如图3-15-1所示，试验结果详见表3-15-1。

根据表3-15-1数据可知2号主变压器重瓦斯动作后，瓦斯油和本体油中乙炔和氢气含量很高，主变压器本体绝缘油中乙炔和氢气含量相比于之前正

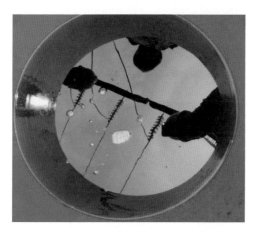

图3-15-1　故障后主变压器绝缘油

▼ 表3-15-1　　　　　　　　　色谱分析试验结果

项目	本体瓦斯气体	瓦斯气理论值	本体瓦斯油（2018-08-10故障后）	本体油（2018-08-10故障后）
氢气H_2（μL/L）	0	0	1792.37	1035.76
一氧化碳CO（μL/L）	18630.90	2235.71	697.80	601.99
二氧化碳CO_2（μL/L）	181.50	166.98	157.59	164.76
甲烷CH_4（μL/L）	1429.16	557.37	648.03	412.80
乙烯C_2H_4（μL/L）	1258.82	1837.87	509.71	458.53
乙烷C_2H_6（μL/L）	94.41	217.14	34.28	34.99
乙炔C_2H_2（μL/L）	1487.59	1517.35	731.37	602.55
总烃（μL/L）	4269.98	4129.73	1923.39	1508.87

常运行中的特征气体有了较大程度增长，本体油中一氧化碳和二氧化碳未见明显增长，说明固体绝缘未明显受损。根据三比值法进行分析，重瓦斯动作后的本体绝缘油色谱故障编码为102，说明变压器内部可能存在电弧放电。同时，取样样品油质发黑且存在悬浮物，说明2号主变压器内部存在高能电弧放电，使部分绝缘材料烧损、绝缘油碳化形成游离碳悬浮物。

随后试验人员对2号主变压器进行绕组绝缘和套管连同绕组的介质损耗

和电容量测试。在进行中压侧的直流电阻测试、变比测试和中对低的短路阻抗测试时（分相、三相测试），仪器均显示测量回路断线，现场排除了仪器和接线等因素之后，用绝缘电阻表对中压侧 A、B、C、O 相进行了导通测试，测试显示 AO、CO 不通，AB、BC、CA 不通。由于 2 号主变压器中压侧为 YN 星形连接，则可以推断中压侧中性点或无励磁分接开关处存在断线故障。

为确定故障部位，检修人员对中压侧分接开关进行了调挡，调整后中压侧相间、线间均导通，随后继续进行诊断试验，试验结果均正常。由此可以判断，中压侧无励磁分接开关在 35kV 出线相间短路情况下，发生了内部故障，分接开关触头虚接，而调动无励磁分接开关挡位后，触头重新接触，所以导致调挡前直流电阻、导通等试验显示回路断线，调挡后试验正常。然而调挡之前，绝缘电阻、绕组介质损耗试验测试数据正常，主要是绝缘电阻、绕组介质损耗试验的试验方法将中压侧 A、B、C、O 相短接进行测量，且 2 号主变压器固体绝缘未明显受损（油色谱试验结果）。综上所述，可以确定故障点为中压侧无励磁分接开关。

综合线路故障保护动作信息、油色谱试验结果、诊断试验结果进行分析，可推知 2 号主变压器重瓦斯动作故障过程如下：8 月 10 日下午雷雨大风天气，2 号主变压器 35kV 出线相间短路故障，短路电流导致主变压器中压侧无励磁分接开关发生烧损，触头间存在高能电弧放电，进一步引发相间弧光短路，绝缘油被高能电弧的高温分解、碳化，产生大量气体，引起主变压器差动保护和重瓦斯动作。

2. 现场检查与处理

8 月 11 日，检修人员对 2 号主变压器本体进行排油后，将中压侧无励磁分接开关吊出，如图 3-15-2 所示。检查发现无励磁分接开关接头和均压环烧蚀严重，铜质部件有熔化现象。

图 3-15-2　无励磁分接开关检查情况

　　检查完后立即联系原生产厂家请求其派人来现场修复或更换分接开关，其答复是该型号分接开关已不生产。8月15日，购置新的无励磁分接开关运达现场，检修人员仔细检查、紧固导电部位并试验合格后，将新分接开关通过调挡孔复装至本体内，仔细核对各分接引线连接。然后从人孔进入本体内，对无励磁分接开关各连接引线触头进行连接、紧固与仔细检查，如图3-15-3所示。安装完毕后，进行了直流电阻及变比试验，试验合格。

　　通过板式滤油机与真空滤油机分别滤油后，静置24h进行交流耐压、局部放电等修后试验，数据均合格。同时对绝缘油进行各时期各项试验，见表3-15-2，其试验结果均合格。

　　由表3-15-2可知，2号主变压器转运行后，本体油中特征气体含量相比试验后有一定的增长，特别是乙炔含量增加，随后趋于稳定，说明主变压器注油后，由于变压器绕组内部残留的气体回溶至绝缘油中导致乙炔增长，还需进一步跟踪该主变压器色谱，排除设备内部故障。

(a) 检查

(b) 安装

图 3-15-3 对新分接开关进行检查和安装

▼ 表3-15-2   油色谱试验结果

试验项目（μL/L）	氢气 H₂	一氧化碳 CO	二氧化碳 CO₂	甲烷 CH₄	乙烯 C₂H₄	乙烷 C₂H₆	乙炔 C₂H₂	总烃
过滤后本体油	0.678	1.742	86.257	0.314	0.279	0.142	0.143	0.878
耐压和局部放电前	1.801	2.006	159.601	1.51	1.385	0.314	1.381	4.59
耐压和局部放电后	7.07	8.29	159.99	4.27	2.95	0.59	3.47	11.28
投运后第一天	11.43	9.67	194.77	6.01	3.33	0.42	4.38	14.14
投运后第二天	15.01	15.27	181.71	7.58	3.80	0.54	4.94	16.86
投运后第三天	17.56	20.59	200.86	9.89	4.09	0.56	5.62	20.17
投运后第四天	17.44	29.28	223.24	11.75	4.28	0.46	5.98	22.47
投运后第五天	19.00	35.00	214.10	13.10	4.10	0.40	5.80	23.40

● 3.15.5 监督意见及要求

（1）该主变压器35kV无励磁分接开关在短路冲击情况下发生故障烧损，成为主变压器安全运行的一个薄弱点，且考虑设备投运时间仅10年，这说明该型号批次分接开关本身结构或质量存在一定的隐患，满足不了恶劣工况运行要求，建议对分接开关等重要的主变压器组部件从设计、制造、采购、安装等各环节加强校核、验收、把关，确保设备质量。

（2）本次故障诱因为雷雨大风恶劣天气引发异物飘至线路短路导致变电站内设备累及受损，建议对变电站各电压等级出线及通道加强巡视和维护，加快对变电站出口2km内10~35kV电压等级导线绝缘化改造，同时对高跳闸线路进行针对性治理，最大限度减少线路故障引发对站内设备的电气冲击损坏。

（3）进一步加强变电站内设备的运维和治理，重点对主变压器差动范围内隐患及时治理到位，提升设备健康水平。

3.16 110kV变压器调压开关托盘螺栓松动导致夹件接地电流超标分析

- 监督专业：电气设备性能
- 设备类别：变压器
- 发现环节：运维检修
- 问题来源：安装工艺

3.16.1 监督依据

Q/GDW 1168—2013《输变电设备状态检修试验规程》

3.16.2 违反条款

依据Q/GDW 1168—2013《输变电设备状态检修试验规程》中5.1.1.1的规定，铁芯夹件接地电流不大于100mA。

3.16.3 案例简介

2020年5月18日，某公司对110kV某变电站2号主变压器进行度夏带电检测。发现2号主变压器夹件接地电流严重超标，铁芯接地电流与油色谱分析结果正常，该主变压器于2019年5月30日投运，投运不到1年。之后对主变压器开展带电检测，未发现明显局部放电信号。立即联系厂家要求其对主变压器接地电流异常提供处理方案，并加强接地电流及油色谱跟踪。

2020年10月22日变压器厂家申请停电对2号主变压器进行故障查找。停电后，对铁芯与夹件进行绝缘电阻测量，铁芯绝缘电阻正常，夹件绝缘电阻为零。随后将主变压器本体油箱排油、钻芯检查。检查发现主变压器内部夹件调压开关托盘架紧固螺栓松动，导致变压器夹件整体接地，绝缘电阻为零。故障处理完毕后，再次测得夹件绝缘电阻，测量结果合格。

● 3.16.4 案例分析

1.缺陷发现及诊断

2020年5月18日上午，某公司主变压器进行铁芯、夹件接地电流测试，发现该站2号主变压器夹件接地电流为11.31A，不满足Q/GDW 1168—2013《输变电设备状态检修试验规程》中的规定。历次铁芯及夹件接地电流检测数据见表3-16-1，测试结果表明主变压器内部夹件可能存在多点接地。

▼ 表3-16-1　　2号主变压器2019—2020年铁芯及夹件接地电流检测数据

日期	主变编号	铁芯电流（mA）	夹件电流（mA）	主变压器负荷（MW）	主变压器油温（℃）
2020-05-18	2号主变压器	0.04	11310	8.6	39.5
2019-06-10	2号主变压器	0.03	0.11	0.0	37.2

2020年5月18日下午，对该主变压器进行油色谱测试，各气体成分含量正常；2020年7月29日上午，电气试验班对该主变压器开展带电检测，结合高频电流局部放电、特高频局部放电、超声波局部放电等多种方法对其开展综合检测，未发现明显局部放电信号。

2. 现场检查过程

2020年10月10日，厂家出具了消缺方案，详细施工流程如下：

第一步：停电后对铁芯、夹件绝缘电阻进行测试，确认变压器内部夹件是否确实接地。

第二步：若变压器内部夹件确实接地，则将油排至变压器定位孔以下，拆除夹件小套管，检查夹件小套管与变压器本体连接处内部是否存在缺陷。

第三步：若第二步未发现缺陷原因，则继续将变压器本体油全部排空，进行钻芯检查。

第四步：若第三步仍未发现缺陷原因，则对主变压器进行返厂解体检查。

2020年10月21日，主变压器停电后，厂家根据施工流程开展故障检查。对主变压器进行铁芯、夹件绝缘电阻测试，其中铁芯绝缘电阻44.8GΩ，绝缘电阻合格，而夹件绝缘电阻为零，证明变压器内部夹件接地。

经仔细检查变压器外观，无明显异常后执行第二步检查，10月22日中午将油排至定位孔以下，拆除夹件小套管进行检查，未发现故障。随后将变压器本体油全部排空，持续注入约1h的干燥空气，待检测变压器油箱内部含氧量正常（约20%）及各项保证安全措施落实以后，厂家人员更换防护服对变压器开展钻芯检查。

通过厂家人员约1h的多轮检查，最终发现变压器内部用于检修时支撑调压开关油桶的托盘架（如图3-16-1中黄圈部分所示）固定螺栓（如图3-16-1中红圈部分所示）松动，导致调压开关托盘架与调压开关上部外壳（如图3-16-1绿圈部分所示）相碰，且调压开关外壳与变压器外壳直接相连，调压开关托盘架与变压器内部夹件直接连接，因而导致变压器运行中夹件多点接地，在主变压器漏磁通作用下产生环流，接地电流严重超标。未紧固螺栓如图3-16-2所示，变压器内部夹件接地故障如图3-16-3所示。

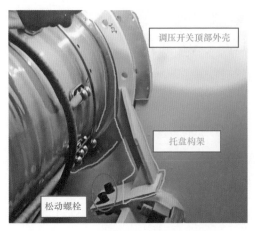

图 3-16-1　变压器内部结构示意图

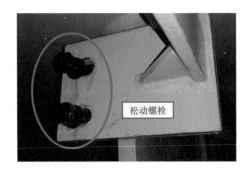

图 3-16-2　未紧固螺栓

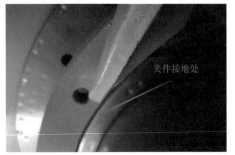

图 3-16-3　变压器内部夹件接地故障

3. 现场处理过程

现场发现此问题后，对倾斜的调压开关托盘架扶正，对松动的螺栓进行紧固，保持调压开关托盘架与调压开关上部外壳有足够的缝隙约 2cm，如图 3-16-4 所示。同时检查变压器内部其他所有螺栓均已经可靠紧固。紧固完毕后再次对夹件绝缘电阻进行测量，测量绝缘电阻值约为 73.3GΩ。

确认夹件故障处理完毕后，厂家人员对开罐部分对应的橡胶密封圈进行更换，之后继续按照工作流程进行最后一步，对变压器进行相对应处理与试验，做投运前检查，验证故障处理结果。

4. 结论分析

变压器调压开关托盘架的作用是在变压器检修需拆除调压开关油桶时，

图 3-16-4 故障处理后的托盘架

作为一个"托盘"将调压开关油桶稳固地托住,防止倾倒,方便调压开关引线的拆除与安装等工作。此调压开关托盘不同厂家的设计方案不尽相同,如:上海正泰"托盘式"结构,特变电工等采用底部"板凳式"结构,不同结构的优劣各不相同。

分析发生此故障原因:调压开关托盘在安装之初存在相应的安装工艺问题,固定托盘的螺栓未能有效紧固,经变压器多次冲击合闸以及运行中震动,导致固定螺栓进一步松动,进而使托盘倾斜,最终与调压开关顶部外壳相碰,导致变压器夹件整体接地。

● 3.16.5 监督意见及要求

(1)加强变压器安装工艺的管控。对于新安装的变压器,应在厂内装配及现场组部件安装时,全程安排相应人员对变压器内部安装过程进行旁站见证,对变压器安装工艺提出更高要求。

(2)建议变压器厂家对托盘架进行结构优化。改良其位置结构与固定方式,减少同类型故障的发生。

(3)对同类型主变压器进行同类问题排查。

3.17 110kV主变压器有载分接开关检修分析

- 监督专业：电气设备性能
- 设备类别：变压器
- 发现环节：运维检修
- 问题来源：设备设计

3.17.1 监督依据

DL/T 573—2010《电力变压器检修导则》

DL/T 574—2010《变压器分接开关运行维修导则》

Q/GDW 1016—2016《油浸式变压器（电抗器）状态评价导则》

《国家电网公司变电检修通用管理规定　第1分册　油浸式变压器（电抗器）检修细则》

3.17.2 违反条款

（1）依据Q/GDW 1016—2016《油浸式变压器（电抗器）状态评价导则》中A.4.1的规定，有载分接开关状态评价标准139：油位异常；144：内渗或外漏、渗油严重。

（2）依据《国家电网公司变电检修通用管理规定　第1分册　油浸式变压器（电抗器）检修细则》中3.3.1.3的规定，绝缘筒与法兰的连接处无松动、变形、渗漏油。

（3）依据DL/T 574—2010《变压器分接开关运行维修导则》中5.1.2的规定，分接开关各部件有无损坏与变形；分接开关各部位紧固件应良好紧固。

（4）依据DL/T 573—2010《电力变压器检修导则》中5.1的规定，有载分接开关储油柜油位正常；开关密封部位无渗漏油现象。

3.17.3 案例简介

2020年1月15日某公司在110kV某变电站巡视中发现2号主变压器调压

油位异常偏高。经过持续跟踪观察确认该主变压器存在内部渗油现象，即本体油箱向有载分接开关油箱渗油的问题。在2020年3月将2号主变压器停电后开展了分接开关吊芯检查，找出调压油箱中的渗油部位，并更换了分接开关油筒上部的密封圈；对分接开关检查发现快速机构与切换开关转轴连接处的轴销发生脱落，立即进行了更换修复。经相关操作及试验合格后，缺陷得以消除。

该主变压器型号：SZ9-50000/110，出厂日期：2002年10月；有载分接开关型号：CMⅢ-500Y/630-10193W，出厂日期：2002年9月。

● 3.17.4 案例分析

1.内渗问题现场处理过程

在2020年1月15日发现110kV某变电站2号主变压器调压油位异常升高后，检修人员随即对调压油室进行放油至合适位置，并记录下主变压器本体、调压油室的油温、油位（如图3-17-1所示）。1月31日2号主变压器调压油位再次显示为满油位，本体油位下降明显，当天油温与之前油温相差不大，如图3-17-2所示。由此判断该主变压器存在内部渗油问题：本体油室向调压油

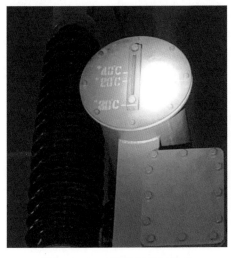

图3-17-1　1月15日调压油位

图3-17-2　1月31日调压油位

室渗油。由于疫情防控原因当时不能立即停电处理，当天将调压油室放油至合适位置，将主变压器本体补油至正常油位；并申请停用有载调压开关的调压功能，并在停电处理前每周对该主变压器开展巡视。

由于渗油点位于变压器内部，不能确认具体位置。停电前检修班组做好了主变压器本体放油、大盖内进人检修的准备。将2号主变压器停电后，放出切换开关筒内绝缘油，先保持主变压器本体内油压，吊出切换开关，并将切换开关筒内擦拭干净，对切换开关筒内渗油情况进行了长时间、不同人员多次观察，经反复确认渗油点位于中间法兰下方的O形密封圈处，如图3-17-3和图3-17-4所示，油流持续流出。根据渗油点的部位现场临时调整检修了方案，无需从主变压器大盖进人检修。

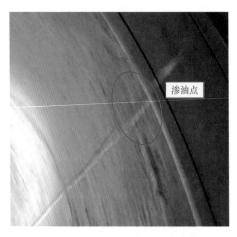

图3-17-3　观察确认渗油点观察

图3-17-4　渗油处理后效果

考虑切换开关筒仅有一处渗油点且为筒上部密封件，现场可将主变压器本体油位放至渗油点高度以下后，便可更换切换开关筒中间法兰处的O形密封圈。更换后将主变压器本体油位补充至正常油位，利用主变压器本体油压检测切换开关筒的密封情况，对各密封处多次反复观察8h以上无渗油情况，缺陷消除。

2.调压切换开关检修处理过程

由于该主变压器位于城区重要位置，按检修周期需进行调压开关吊芯检查，此次检修一并开展了调压切换开关的吊芯检修。

（1）对切换开关进行检查，发现了机构内一处轴销脱落，如图3-17-5所示。该处轴销为切换开关快速机构与绝缘转轴的连接件固定轴销。由于该机构的对称性，通过对比另一侧未脱落的轴销发现，轴销上有多片弹簧垫圈，通过处于压缩状态的弹簧垫圈的张力确保两边部件的可靠连接。该处轴销缺失，切换开关将不能可靠带动绝缘转轴转动，即位于主变压器侧面的调挡机构动作后，切换开关有可能不能正确地进行切换，最终将导致分接开关接头不能切换或切换不到位，严重时将导致切换开关烧损的主变压器损坏事故。

随后对切换开关内部各部件进行全面检查维护，找出了脱落的轴销。如图3-17-6所示。但重新安装修复需拆下换切换开关触头切换机构、动触头系统；在此过程中对该部件进行拆解并检查维护，如图3-17-7和图3-17-8所示。安装该连接轴时注意确认弹簧垫圈的数量，并压缩弹簧垫圈后才能将该轴从孔中完全穿过，才能装上卡销与挡圈，确保两边连接的紧固力。修复后整体用合格的绝缘油进行冲洗。最后吊回调压开关筒内，并注入合格变压器油密封紧固。

图3-17-5 调压快速机构轴销缺失

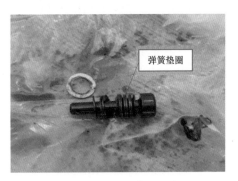

图3-17-6 脱落的轴销

（2）吊出切换开关后对切换开关油室与芯体上的油泥等赃物用合格绝缘油进行彻底的冲洗、擦拭清洁，除内壁与芯体上的游离碳，如图3-17-9和图3-17-10所示。并将切换开关筒内绝缘油更换为合格的新绝缘油。

图3-17-7　调压芯子部件拆解检查

图3-17-8　修复安装

图3-17-9　调压筒底部绝缘油脏污

图3-17-10　调压筒底部清理干净

3.主变压器本体其他问题

（1）本体绝缘油净化处理。该2号主变压器本体存在油色谱异常的问题，此次停电对主变压器本体绝缘油进行了真空热油循环处理，主变压器本体绝缘油处理前后实验对比见表3-17-1。

▼ 表3-17-1　　　　　　　　主变压器本体绝缘油色谱分析

气体成分	滤油前	滤油后
氢气H_2（μL/L）	4.11	1.24
甲烷CH_4（μL/L）	3.62	0.49

续表

气体成分	滤油前	滤油后
乙烷C_2H_6（μL/L）	2.47	0.39
乙烯C_2H_4（μL/L）	33.56	0.81
乙炔C_2H_2（μL/L）	0.12	0
总烃（μL/L）	39.77	1.69
一氧化碳CO（μL/L）	216.35	0
二氧化碳CO_2（μL/L）	4566.34	248.95

（2）低压套管的轻微渗油处理。该2号主变压器停电后打开封闭母桥检查发现，被封闭的主变压器低压套管存在轻微渗油问题。此次检修对低压套管的密封件进行了更换，同步更换了低压升高座检修孔处的密封圈。处理前后对比如图3-17-11和图3-17-12所示。

图3-17-11 低压桩头向外渗油

图3-17-12 更换密封件后照片

● **3.17.5 监督意见及要求**

（1）加强对老旧主变压器的巡视维护，或加强在线视频系统的有效利用，从而能方便快捷地开展主变压器巡视检查，及时发现问题。

（2）对主变压器有载分接开关按厂家要求及时开展吊芯检查，对于动作次数未达到要求的建议结合主变检修周期开展吊芯检修。

（3）根据调挡动作次数开展取调压油样试验，检查切换开关绝缘筒内油的污损程度，从而监视有载分接开关的正常运行情况。但由于取油样无效油放油较多，将导致调压油箱频繁补油，建议对调压动作次数多的主变压器加装在线滤油装置。在提高设备运行可靠性的同时，从整体上减少对运维检修的人员依赖。

（4）加强对主变压器的出厂监造验收，尤其是对主变压器切换开关的技术监督。加强对主变压器隐蔽部件的检查，在主变压器制造厂内实地对动作机构进行检查。对于新型号或新入网的有载分接开关必要时可由金属、电气试验、变压器等专业人员对主变压器有载分接开关进行联合验收。

3.18 110kV 主变压器隔膜上密封圈错位变形导致储油柜漏油分析

- 监督专业：电气设备性能
- 设备类别：变压器
- 发现环节：运维检修
- 问题来源：运行巡视

3.18.1 监督依据

《国家电网公司变电评价管理规定（试行） 第 1 分册　油浸式变压器（电抗器）精益化评价细则》

3.18.2 违反条款

依据《国家电网公司变电评价管理规定（试行） 第 1 分册　油浸式变压器（电抗器）精益化评价细则》第 13 条的规定，本体及组件正压区无渗漏油。

● 3.18.3 案例简介

2017年6月14日15时30分，运维人员对110kV某变电站进行例行巡视时，发现1号主变压器储油柜渗油严重。经检修班现场检查，确认渗油部位为隔膜储油柜上下钟罩密封缝隙，渗油位置位于储油柜的右前角处（面朝主变压器），如图3-18-1所示。渗油速度约为每分钟23滴，小于5s每滴。考虑到漏油部位为隔膜缝隙，油位只有超过储油柜中间密封缝隙（油位计指示6左右）才会有油渗出，短期内可以保证储油柜下钟罩内一直有油，也即主变压器本体不存在缺油风险，因此建议依据调控合理安排，尽快停电消缺处理。

(a) 远视角图

(b) 近视角图

图3-18-1 储油柜渗油部位

2017年7月11日上午运行人员申请将1号主变压器转检修，将储油柜上钟罩吊起，重新安装了错位变形的密封圈，安装后分别进行空气和变压器绝缘油试压，确认漏油缺陷消除后，于当日下午1号主变压器恢复正常运行。

该主变压器型号：SZ7-31500/110，出厂日期：1994年1月。

● 3.18.4 案例分析

1.现场检查处理

1号主变压器停电后，在未吊储油柜前检修人员对其进行了检查，发现漏油部位隔膜上下密封圈错位十分严重。如图3-18-2所示，上密封圈往储油柜内侧偏移较大，肉眼已无法直接观察到密封圈，检修人员轻而易举即可将螺丝刀从渗油部塞入，如图3-18-3所示。

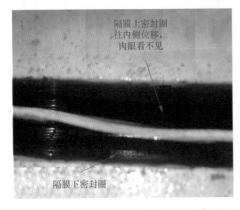

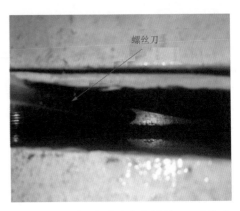

图3-18-2　储油柜渗油部位隔膜上下密封圈　　　图3-18-3　储油柜渗油部位螺丝刀可从渗油
　　　　　　错位　　　　　　　　　　　　　　　　　　　　　　　　　部位轻易塞入

将储油柜油放干净，吊起储油柜上钟罩后，检查隔膜（如图3-18-4所示）及上下密封圈，发现上密封圈偏移非常严重，上下密封圈错位达4cm，如图3-18-5所示。

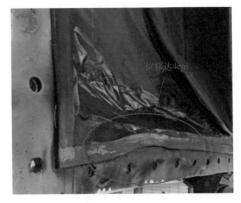

图3-18-4　储油柜上钟罩吊起后隔膜现场　　　图3-18-5　储油柜上钟罩吊起后现场检查
　　　　　　检查图　　　　　　　　　　　　　　　　　　　　　　　　上密封圈偏移严重

对渗油部位进行清抹，去除油污，重新安装隔膜上密封圈，用502胶水将上密封圈固定在隔膜上，如图3-18-6所示，待胶水风干后检查密封圈粘贴是否牢固，确认无误后扣上储油柜上钟罩。为确保储油柜密封良好，现场采用了两种验证方法：

（1）空气泵试压法：用空气泵从储油柜排气管对储油柜充压至0.03MPa，保持60min，压力无明显下降。

（2）绝缘油试压法：往储油柜注入绝缘油，直至油位超过储油柜中间密封缝隙（现场充油至油位计指示8位置），保持60min，检查无渗漏。

1号主变压器于2017年7月11日15时30分恢复正常运行，经复查确认漏油缺陷确已消除。处理后储油柜渗油缺陷消除图如图3-18-7所示。

图3-18-6　渗油部位密封圈重新安装　　图3-18-7　处理后储油柜渗油缺陷消除图

2.漏油原因剖析

隔膜储油柜结构如图3-18-8所示，隔膜储油柜由上下两个钟罩组成，中间一张可随油位上下浮动的隔膜，但为了起到密封作用，在上钟罩与隔膜之间以及下钟罩与隔膜之间均有一个密封圈，密封圈示意图如图3-18-8（b）所示。密封圈宽约3cm，正常情况下隔膜上下密封圈位置应对齐、保持一致，钟罩扣上以后同时压缩上下密封圈而起到密封作用，如图3-18-9所示。但该种密封结构存在较大的由于钟罩安装过程中造成上下密封圈移位（错位或严重不对齐）而渗油的风险，如图3-18-10所示。分析其原因主要为：

（1）下密封圈通常用胶水固定在储油柜下钟罩上，安装时一般不会移位；

但上密封圈用胶水固定在隔膜上，而隔膜本身就是一个非固定性的物体，安装过程中有可能随钟罩移动而产生偏移。

（2）密封圈周长十几米且有上下两层密封圈，在无其他限位措施的情况下，依靠人工将上下密封圈对齐，难度非常大。

（3）安装过程中上下密封圈一旦存在些许的不对齐，螺栓紧固过程中，密封圈受到一个偏向储油柜内侧的侧向力，会加剧密封圈的位移，从而使得上下密封圈错位更加严重。

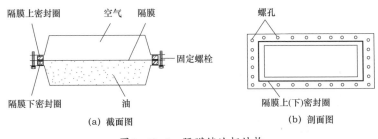

(a) 截面图　　　　　　　　　(b) 剖面图

图 3-18-8　隔膜储油柜结构

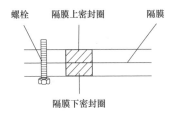

图 3-18-9　隔膜上下密封圈上下对齐、
密封良好时示意图

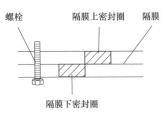

图 3-18-10　隔膜上下密封圈上下错位、
密封不良时示意图

经现场检查，该主变压器渗油部位隔膜上密封圈往内侧偏移约4cm，下密封圈未偏移。因而造成储油柜上钟罩扣上以后，隔膜上密封圈承受了钟罩所有的压力，而下密封圈未承受压力且未压缩，用螺丝刀可以从下密封圈轻易塞入（如图3-18-3所示）。而该变电站1号主变压器自投运以来最高负荷一直稳定在20MW左右，而2017年6月随着气温上升，1号主变压器负荷增长较快，6月最高负荷达到了27MW，因而造成储油柜油位上升超过密封缝隙而渗油。

● 3.18.5 监督意见及要求

（1）加强隔膜安装质量管控，严格按《国家电网公司变电检修通用管理规定　第1分册　油浸式变压器（电抗器）检修细则》规定的工艺要求进行标准化施工，安装过程中应严防储油柜钟罩横向移动而带动密封圈位移，安装后务必进行空气或变压器绝缘油试压，确保储油柜密封良好。

（2）隔膜储油柜密封圈设计不合理，安装过程中极易造成密封圈位移，导致上下密封圈错位而渗油。因此，建议将密封圈加宽，在密封圈上打孔，用螺栓将储油柜上下钟罩、上下密封圈及隔膜一同固定，能有效避免上下密封圈错位而导致渗油的风险。

3.19　110kV主变压器10kV侧套管升高座隔磁工艺不良导致涡流发热分析

- ● 监督专业：电气设备性能
- ● 设备类别：变压器
- ● 发现环节：运维检修
- ● 问题来源：设备制造

● 3.19.1 监督依据

DL/T 664—2016《带电设备红外诊断应用规范》
Q/GDW 1168—2013《输变电设备状态检修试验规程》

● 3.19.2 违反条款

（1）依据Q/GDW 1168—2013《输变电设备状态检修试验规程》中5.1.1.3的规定，检测变压器箱体、储油柜、套管、引线接头及电缆等，红外热像图显示应无异常温升、温差和/或相对温差。

（2）依据DL/T 664—2016《带电设备红外诊断应用规范》附录A的规定，电流致热型设备热点绝对温度大于90℃定性为严重缺陷，热点绝对温度大于110℃定性为危急缺陷。

3.19.3 案例简介

2016年6月6日，试验人员对110kV某变电站2号主变压器低压侧进行测温，发现2号主变压器10kV侧套管升高座与10kV母桥盒之间的连接缝隙处发热，最高热点温度为98.4℃，如图3-19-1所示。此时，2号主变压器负荷为42MW（无功负荷为0.4MW），低压侧负荷电流为2300A，主变压器上层油温为71℃。在同一角度拍摄了发热部位的可见光照片，如图3-19-2所示。经过跟踪停电检查低压套管安装板处涡流导致10kV侧套管升高座温度异常。

主变压器型号：SZ9-50000/110；出厂日期：2002年4月。

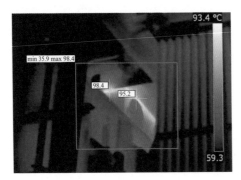

图3-19-1 2号主变压器红外测温图   图3-19-2 可见光照片

3.19.4 案例分析

1. 跟踪检测情况

随后，对2号主变压器负荷进行了调整，再一次对发热部位进行了红外测温，温度分布状况与前面一致，最高热点温度下降至89.9℃，2号主变压器负荷为34.9MW，低压侧负荷电流为1946A，上层油温68℃。之后，运检人员持续跟踪了2号主变压器的发热情况，如图3-19-3所示。2号主变压器热点温度变化情况与负荷变化情况基本一致，负荷超过30MW时发热加剧，负荷接近35MW时，热点温度达90℃。10kV Ⅱ母由2号主变压器转1号主变压器期间，2号主变压器负荷水平下降至20MW以内，发热情况显著下降，无明显温升。

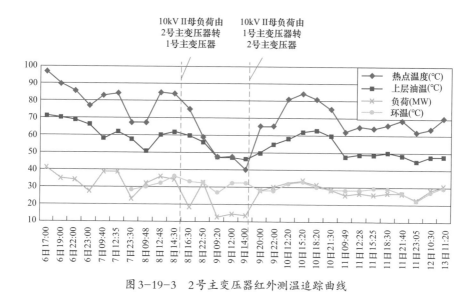

图3-19-3 2号主变压器红外测温追踪曲线

对发热部位进行精确测温，发现低压升高座与母线盒缝隙处的温度分布呈一定规律性，如图3-19-4和图3-19-5所示，且主变压器油色谱无异常。

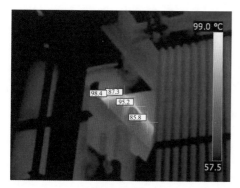

图3-19-4 2号主变压器低压侧c相升高座靠散热器侧

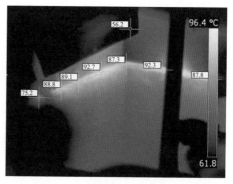

图3-19-5 2号主变压器低压侧c相升高座靠本体侧

2.初步分析

根据红外测温情况，该主变压器10kV侧套管升高座与10kV母桥盒之间的连接缝隙处热点温度超过90℃（最高达到101℃），由于该主变压器低压侧为封闭母线结构，红外成像只能拍摄到与升高座连接缝隙处的发热状况，但该缝隙处距离主变压器顶盖较近，视角受到遮挡，只能从特定角度进行拍摄，无法观测到封闭母线桥内部发热情况，根据追踪情况以及图3-19-5所示温度分布情况，发热原因可能为：

（1）封闭母线桥内低压套管安装板处涡流发热（主要为c相套管底部），可能的原因为漏磁通在升高座固定螺栓、支撑圆环、升高座顶盖板处形成环流通道，导致通流能力不足的螺栓或支撑圆环等部件局部或整体发热。

（2）由于主变压器负荷较重，本体油温高，再加之封闭母线桥散热性能不良，加重了测量部位的发热情况。

（3）同时，可能存在10kV低压套管导电杆在主变压器内部与低压绕组引线的连接不良，导致升高座发热。

3.停电检查

6月16日，试验人员对主变压器进行了停电检查及相关试验，结果如下：

（1）对低压套管、将军帽、软连接及母线铜排进行外观及紧固情况检查，均无异常。

（2）对2号主变压低压侧直流电阻进行了测试，与交接试验结果对比，试验数据无异常。

对照低压侧升高座与母线桥实际设备情况，发现c相套管与母桥盒之间的距离较近，且10kV套管与升高座间通过固定螺栓和支撑圆环（均为导磁材料）连接，对照发热示意图，分析c相套管附近缝隙最高热点与内、外部对应部位的实际位置如图3-19-6和图3-19-7所示，三侧发热位置均为靠近10kV套管的部位。

图 3-19-6　2 号主变压器低压侧 c 相升高座　　　　图 3-19-7　2 号主变压器低压侧 c 相升高座
　　　　　发热部位外部对应位置　　　　　　　　　　　　发热部位内部对应位置

　　同时，在本次处理过程中，对 2 号主变压器 10kV 侧套管升高座与 10kV 母桥盒之间的连接缝隙处加开了通风孔，改善局部散热条件。6 月 17 日，试验人员对 2 号主变压器母桥升高座发热情况进行了复测，虽对 10kV 母桥进行了通风处理，效果不明显，没有缓解发热状况。

　　为进一步查找主变压器发热原因，2016 年 7 月 5 日上午，该 2 号主变压器停电后，检修人员将该主变压器低压侧升高座上方的母线桥盒进行了拆除，然后恢复主变压器送电，观察在不同的负荷情况下，直接对母桥盒内升高座发热情况进行检测，如图 3-19-8 和图 3-19-9 所示。

　　从红外图中可以明显看出，发热部位为 10kV 低压套管安装板，且主要集中在 c 相套管底部。故可判断发热原因为低压套管安装板处涡流导致。且随着主变压器负荷的上升，在超过 30MW 时发热情况加剧。由图 3-19-10 可以看到为防止涡流形成，该安装板已做隔磁措施，但由于制造工艺、材质等问题，在 c 相套管底部仍然产生了较大涡流发热现象。

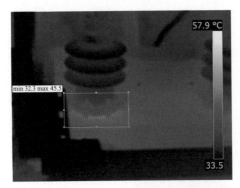

图 3-19-8　负荷较小拍摄情况

图 3-19-9　负荷较大拍摄情况

图 3-19-10　低压套管安装板隔磁措施

● 3.19.5 监督意见及要求

（1）加强对同型号、同批次产品的红外测温，针对此生产商 2000 年附近出厂的主变压器，应加强对低压套管安装板的红外检测工作，检查是否有类似问题存在；对低压侧具有封闭式母桥的主变压器，应尽量寻找角度对升高座及附近进行测温，分析是否存在类似的发热情况。

（2）建议对存在问题的主变压器进行负荷控制。该主变压器在负荷超过 30MVA 时涡流发热现象有明显升高，建议将其负荷控制在 30MVA 以下。

（3）由厂家技术人员对其主变压器低压套管升高座隔磁工艺进行分析和检查，查找问题产生原因，并提出解决方案。

电抗器技术监督典型案例

4.1 35kV电抗器匝间绝缘缺陷导致烧损分析

- 监督专业：电气试验
- 设备类别：电抗器
- 发现环节：运维检修
- 问题来源：设备制造

● 4.1.1 监督依据

GB/T 1094.6—2011《电力变压器　第6部分：电抗器》
DL/T 1808—2018《干式空心电抗器匝间过电压现场试验导则》

● 4.1.2 违反条款

依据DL/T 1808—2018《干式空心电抗器匝间过电压现场试验导则》中规定，比较全电压和标定电压下的电压波形，波形振荡频率和包络线衰减速度均无明显改变，振荡频率变化率小于5%。

● 4.1.3 案例简介

2021年9月，因某500kV变电站35kV 414间隔并联电容器组串联电抗器发生烧毁。查阅历史运行情况，同站、同厂、同批次404间隔串联电抗器8月12日红外测温发现B相内壁发热异常。对该变电站同电压等级同批次的电抗器进行匝间过电压试验，发现3组串联电抗器均存在匝间绝缘缺陷。该电抗器型号为CKGKL–2400/35–12，2017年9月出厂。

● 4.1.4 案例分析

1.试验原理

匝间过电压试验利用LC振荡电路，在电抗器两端形成自由衰减的高频交流电压，在起始放电电压为标定电压（不大于20%试验电压）和试验电压下分别进行多次LC振荡放电，电抗器两端便得到一系列振荡电压波形。正常情况下，电抗器在较低的标定电压下（一般未发生匝间短路）电感参数为运行参数，提高试验电压，若发生匝间短路其电感参数将会发生变化，对应的振荡频率、衰减波形将会发生明显变化，比较两种电压下的波形来判断匝间绝缘是否损伤。匝间过电压试验电路图如图4-1-1所示。

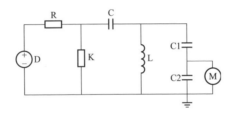

图4-1-1 匝间过电压试验电路图

D—直流电源；R—充电电阻；C—充电电容器；K—放电开关；L—被试电抗器；
C1、C2—分压器；M—测量系统

2.红外测温情况

2021年8月12日，红外测温发现404电抗器B相内壁发热异常，红外图谱如图4-1-2所示，B相内壁绝对温度最高已达到127℃，接近该电抗器绝缘系统温度150℃。

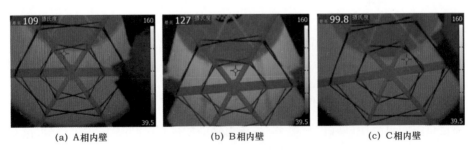

(a) A相内壁   (b) B相内壁   (c) C相内壁

图4-1-2 404电抗器内壁红外图谱

3.匝间过电压试验及分析

2021年9月，对同厂同批次404、406、414间隔串联电抗器进行匝间过电压试验，试验结果见表4-1-1，其中414C相已烧毁。其中404间隔串联电抗器进行匝间过电压试验振荡波形如图4-1-3所示。

▼ 表4-1-1　　　　　　　　并联电容器组串联电抗器匝间过电压试验记录

间隔	相别	标定电压（kV）	标定频率（kHz）	高压电压（kV）	高压频率（kHz）	频率偏差（%）
404	A	11.7	34.7	126.3	34.4	-0.9
	B	11.5	34.6	126.5	39.4	13.9
	C	11.6	34.4	126.8	39.3	14.2
406	A	9.7	35.0	127.5	40.8	16.6
	B	9.2	34.7	127.5	35.0	0.86
	C	9.1	34.2	46.1	35.9	5.0
414	A	9.0	55.7	128.0	55.2	-0.9
	B	9.0	53.4	128.0	53.1	-0.6
	C	—	—	—	—	—

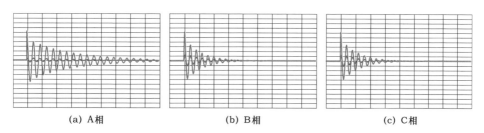

(a) A相　　　　　　　　(b) B相　　　　　　　　(c) C相

图4-1-3　404电抗器匝间过电压振荡波形

根据表4-1-1和图4-1-3分析，404串联电抗器BC相、406串联电抗器AC相高压与标定电压下比较，振荡频率变化超过规程要求的±5%，且振荡波形发生明显偏移，衰减速度明显较正常相快，说明在高电压下电抗器电感参数发生明显变化，判断存在匝间绝缘缺陷。在运行电压下匝间绝缘缺陷逐

步发展成匝间短路，在短路点形成环流，造成异常发热，最终414串联电抗器
C相导致起火烧损。

鉴于该批次串联电抗器频繁出现匝间过电压试验不合格，且404串联电抗器B相红外测温异常、414串联电抗器C相起火烧毁，判断该公司产品制造工艺存在严重问题或使用的绝缘材料性能不符合要求。经排查，系统内该公司产品仅在此变电站有3组投运，下一步将对这3相串联电抗器进行整体更换。

● 4.1.5 监督意见及要求

（1）加强干式电抗器出厂绝缘试验技术监督，严格按照GB/T 1094.6—2011《电力变压器　第6部分：电抗器》中9.10.7的要求开展出厂绕组过电压试验。

（2）加强干式电抗器调试阶段技术监督，抽检开展匝间过电压试验。

（3）加强干式电抗器投运后的红外测温巡视，一旦发现温度异常，应尽快安排停电诊断试验，建议补充进行匝间过电压试验辅助判断是否存在匝间绝缘缺陷。

（4）发现干式电抗器存在匝间短路故障，应立即退出运行，防止起火导致故障范围扩大。

4.2 35kV电抗器因黏胶不牢导致匝间短路烧损分析

● 监督专业：电气设备性能　　● 设备类别：串联电抗器
● 发现环节：运维检修　　　　● 问题来源：设备制造

● 4.2.1 监督依据

Q/GDW 1168—2013《输变电设备状态检修试验规程》

● 4.2.2 违反条款

依据 Q/GDW 1168—2013《输变电设备状态检修试验规程》中 5.3.1 的规定，干式变压器、电抗器和消弧线圈巡检项目，声音及振动要求无异常。

● 4.2.3 案例简介

某 500kV 变电站 35kV SVC 装置 I -1L 402 串联电抗器于 2015 年 8 月完成更换安装后投运，但运行过程中一直存在震动、噪声过大等问题，其中 C 相噪声较 A、B 相明显。于 2016 年 1 月 27 日根据厂家提出的处置方案，对 A、C 相电抗器本体进行位置互换，并对三相电抗器支撑柱加装减震硅橡胶及钢板。SVC 装置于 2016 年 2 月 4 日 01 时 15 分投运，投运后串联电抗器响声和震动仍然很大，且后台报 "CA 相 2 号晶闸管正向取能故障、CA 相 3 号晶闸管反相取能故障"。2 月 4 日 14 时 30 分继续投运，5min 后观察到 C 相电抗器防雨罩下冒烟，随后听到有放电声，同时过电流保护动作，装置跳闸退出运行。

● 4.2.4 案例分析

1.事件主要经过

2016 年 1 月 27 日根据厂家提出的处置方案，开展如下工作：

（1）A、C 相电抗器本体进行位置互换；

（2）三相底部基础与支柱之间加装减震装置（减震硅橡胶及钢板）；

（3）对 C 相下层电抗器上部汇流排星架内圈固定用玻璃钢绑扎带与铝排之间出现的严重磨损切割现象（切割深度最严重处近 45mm），对铝排磨损处进行补焊，用玻璃钢绑扎带重新绑扎后，涂刷绝缘材料。

SVC 装置于 2016 年 2 月 4 日 01 时 15 分投运，投运后 I -1L402 串联电

抗器响声和震动仍然很大，且后台报"CA相2号晶闸管正向取能故障、CA相3号晶闸管反相取能故障"，其他保护装置未动作，负荷电流稳定在近1500A，三相电流平衡。投运15min后，考虑到安全，将SVC装置退出运行。联系SVC装置厂家后，初步判断是TE板卡损坏或光纤通信异常，厂家答复该信号不影响正常运行。2月4日14时30分继续投运，5min后观察到C相电抗器防雨罩下冒烟，随后听到有放电声，同时过流保护动作，装置跳闸退出运行。

2.现场检查情况

（1）现场外观检查。现场对电抗器进行外观检查后发现C相上层串联电抗器底部至防雨罩处有放电痕迹（如图4-2-1所示）。C相下层串联电抗器支撑绝缘子上部铝排连接部位有放电痕迹且电弧灼烧较严重（如图4-2-2所示）。C相下层串联电抗器本体内部烧损，中部位置有一处明显绝缘击穿点（深度达15mm），纵向有150mm长的烧损痕迹，靠底部绝缘子支撑处也有不同程度的放电灼烧痕迹（如图4-2-3和图4-2-4所示）。

图4-2-1　C相上层串抗放电痕迹

图4-2-2　铝排连接部位放电

图 4-2-3　C相下层电抗器绝缘击穿点
（一）

图 4-2-4　C相下层电抗器绝缘击穿点
（二）

（2）试验检查。试验检查该台电抗器绝缘、直流电阻均不合格。

（3）现场处置。为保证SVC装置能正常投入，现场对402串联电抗器进行更换。

3.事件原因分析

在对损坏的402电抗器拆除过程中，检查发现所有紧固螺栓均有松动，且运行中震动比较剧烈，检查层间引拔棒发现存在固定不牢的情况，引拔棒出现位移现象（如图4-2-5所示），有的部位可见无纬玻璃丝发生断裂（如图4-2-6所示）。

图 4-2-5　引拔棒位移

图 4-2-6　无纬玻璃丝断裂

经现场检查分析认为，干式电抗器使用的聚酯胶由于老化已失去黏合力，不能起到固定引拔棒的作用，电抗器在运行中产生震动，线圈包封之间的压力也不稳定，使得引拔棒出现移位现象。引拔棒在运行中受线圈应力作用下导致位移，磨损匝间绝缘导致匝间短路故障。

4. 事件结论

（1）厂家生产的该批次电抗器存在生产缺陷，属于家族性缺陷。某500kV变电站Ⅱ-1L 422（型号为BKGKL-20000/34.5W）也于2017年6月8日烧损，其运行过程中也存在震动异响、引拔棒移位等问题，造成匝间绝缘破坏。

（2）产品制造工艺不佳。该型电抗器线圈采用多层包封并联结构，电抗器线圈包封之间采用聚酯玻璃纤维引拔棒作为轴向散热气道支撑。引拔棒通过聚酯胶黏合固定在线圈包封之间，引拔棒仅通过线圈包封之间的压力和聚酯胶的黏合力固定，并无其他稳固的固定方式。

（3）干式电抗器存在震动较大，引拔棒发现位移明显可见的情况下，应及时停电开展试验检查，避免故障扩大化。

● 4.2.5 监督意见及要求

（1）干式空心串联电抗器应安装在电容器组首端，在系统短路电流大的安装点，设计时应校核其动、热稳定性。

建议：多数干式空心电抗器发生设备事故均是因绝缘问题造成的损坏，由于电动力造成的设备损伤事故很少。后续工作中应加强此类设备厂家入网资质审查，在入厂监造时除了旁站电气试验外，应同时关注电抗器的材质及绕制、安装、焊接等工艺是否达标，并要求厂家出具设备抗电动力佐证材料。

（2）户外装设的干式空心电抗器，包封外表面应有防污和防紫外线措施。电抗器外露金属部位应有良好的防腐蚀涂层。

建议：加强干式空心电抗器入网设备包封外表面涂层的检查，提升防腐蚀涂层的检测手段。

（3）干式空心电抗器出厂应进行匝间耐压试验，出厂试验报告应含有匝间耐压试验项目。330kV及以上变电站新安装的干式空心电抗器交接时，具备试验条件时应进行匝间耐压试验。

（4）建议例行试验过程中根据设备运行状况开展匝间耐压试验，对于工况较差的设备可提高诊断能力，及早发现隐患缺陷。

4.3 35kV干式并联电抗器设计工艺不良导致电抗器烧损分析

- 监督专业：变电检修
- 设备类别：电抗器
- 发现环节：运维检修
- 问题来源：设计工艺

4.3.1 监督依据

《国家电网公司变电检修通用管理规定 第10分册 干式电抗器检修细则》

4.3.2 违反条款

依据《国家电网公司变电检修通用管理规定 第10分册 干式电抗器检修细则》2.1中的规定：本体表面应清洁，无锈蚀，电抗器紧固件无松动。

4.3.3 案例简介

2019年8月8日，某500kV变电站Ⅳ-1L 448电抗器A相运行中起火损毁。该故障电抗器为BKGKL-20000/35型，2016年生产，2017年3月投运。具体参数见表4-3-1。

▼ 表4-3-1 电抗器铭牌

型号	BKGKL-20000/35	产品编号	40002220312000
额定电压	35kV	额定电流	989.8A
导磁结构	空心	绝缘耐热等级	F
出厂日期	2016-09-01		

● 4.3.4 案例分析

1.事故经过

2019年8月8日，某500kV变电站Ⅳ-1L448电抗器A相运行中起火烧毁，经现场运行人员紧急处置，火势未危及周边运行设备。

该变电站Ⅳ-2L 454电抗器也为该厂同型号同批次产品，于2018年2月25日发生线圈绝缘击穿故障，后更换了该厂新设计产品。

2.现场检查与处理

现场对烧毁的A相电抗器进行全面的检查，但因火势太大，现场不能准确判断故障发生的初始位置，无法准确判断故障起始的击穿放电点。现场检查烧毁的电抗器如图4-3-1所示。

(a) 俯视图　　　　　　　　　　　　　(b) 近视图

图4-3-1 现场检查烧毁的电抗器

现场同步对未起火的B、C两相进行了检查，发现电抗器顶部防雨罩的紧固螺丝存在不同程度的松动，其中有2处螺母已掉落遗失（如图4-3-2所示）。

图4-3-2　B、C相防雨罩固定螺丝松动

现场还对该厂的另一组454电抗器三相进行了检查，发现了部分撑条下坠现象及一处外皮破裂，其他检查无异常。撑条下坠如图4-3-3所示，引线外皮破裂如图4-3-4所示。

图4-3-3　撑条下坠　　　　　图4-3-4　引线外皮破裂

3.事件原因分析

该台电抗器由于已严重损毁，目前无法准确判断故障原因，但结合现场检查情况及历史故障原因，我们得出了以下结论：

（1）该型号电抗器存在设计缺陷，外部调匝环为电抗器的绝缘薄弱环节且前次故障正是电抗器底部调匝环处击穿（如图4-3-5所示）。首先，外部调匝环制作工艺为手工绕制，人工绕制，绕制时容易有缝隙，长期运行可能有雨水进入，导致绝缘下降；其次人工绕制使用的树脂耐温较差，长期高温运行树脂容易老化，导致绝缘下降。

(a) 近视图   (b) 远视图

图4-3-5 历史故障处

（2）该故障电抗器安装工艺质量存在问题，防雨罩紧固螺母未采取足够的防松措施，使得其在电抗器运行震动中逐渐滑落，金属螺母跌入电抗器包封内部，也可能是造成此次故障的直接原因之一。

4.事件结论

（1）故障电抗器三相由设备生产厂家负责进行更换。

（2）设备生产厂家表示在2017年已经意识到这个问题，对电抗器调匝工艺进行改进，取消外部调匝环，改为外包调匝，按照绕线工艺使用绕线机绕制，高温树脂固化。这样做的调匝环性能稳定，耐温效果及防水效果都非常好。该站Ⅳ-2L 454电抗器采用的就是改进后的工艺制作的电抗器。调匝环改进前后对比如图4-3-6和图4-3-7所示。

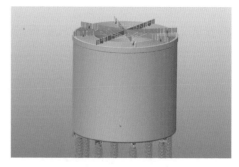

图4-3-6 调压环改进前   图4-3-7 调压环改进后

虽然厂家认为，采用更新工艺后的电抗器可以保证安全稳定运行，但由于已有两次故障先例，建议还是加强针对454电抗器的巡视力度，确保已安装的设备不会再次发生同类型故障。

● **4.3.5 监督意见及要求**

（1）对于户外运行的电抗器和投入时间长的干式电抗器应相应缩短例行检修间隔，并在例行检修过程中加强针对紧固件的检查与紧固，防止造成松动异响等问题。

（2）针对户外运行干式空心电抗器使用寿命短的问题，应该与电抗器厂家共同制定相应的维护方法，以延长户外设备的使用寿命。

4.4 35kV电抗器设计工艺不良导致500kV主变压器故障跳闸分析

● 监督专业：电气性能　　　● 设备类别：电抗器
● 发现环节：运维检修　　　● 问题来源：设计工艺

● **4.4.1 监督依据**

《国家电网公司变电检修通用管理规定　第10分册　干式电抗器检修细则》

● **4.4.2 违反条款**

依据《国家电网公司变电检修通用管理规定　第10分册　干式电抗器检修细则》2.1中的规定：本体表面应清洁，无锈蚀，电抗器紧固件无松动。

● **4.4.3 案例简介**

1.案例主要经过

2021年9月19日500kV某变电站1号主变压器差动保护动作跳闸。2021

年9月19日15时32分05秒962毫秒,1号主变压器差动保护动作(A套NSR-378、B套CSC-326),跳开1号主变压器高压侧5021、高压侧5022、中压侧610、低压侧410断路器。15时32分07秒007毫秒,Ⅰ-2C406电容器组、Ⅰ-3C414电容器组低电压保护动作跳开406、414断路器。15时32分07秒067毫秒,1号备用电源自动投入装置动作跳开110断路器、合上130断路器。故障发生后,1号主变压器所带负荷转至2号主变压器,2号主变压器运行正常,未造成负荷损失。9月20日02时10分,1号主变压器诊断性试验及检查工作竣工,03时30分1号主变压器恢复正常运行。

2. 设备运行工况

主变压器系统运行方式:1号主变压器三侧正常运行,35kV 1号站用变压器402、Ⅰ-2C406电容器组、Ⅰ-3C414电容器组、#1STATCOM 434正常运行,Ⅰ-1C404电容器组检修状态(串联电抗器匝间绝缘缺陷退出运行,已纳入储备计划更换);2号主变压器三侧正常运行,35kV 2号站用变压器416、Ⅱ-2C422电容器组正常运行,Ⅱ-1C418电容器组、Ⅱ-2L428电抗器组热备用,Ⅱ-1L426电抗器组检修状态(直流电阻超标退出运行,已纳入储备计划更换)。

● 4.4.4 案例分析

1. 一次设备检查情况

(1)1号主变压器检查情况。检查1号主变压器三相本体、套管、储油柜油位无异常,气体继电器无气体聚集,主变压器三相油色谱分析、直流电阻、绕组变形、介质损耗及电容量等试验合格。

(2)35kV Ⅰ-3C414电容器组检查情况。35kV Ⅰ-3C414电容器组串联电抗器C相故障损坏(如图4-4-1所示),绕组包封玻璃纤维带成块状脱落、顶部防雨棚垮塌,进一步检查发现包封内壁存在集中碳化痕迹,疑似为初始热源点;串联电抗器A、B相包封间撑条轻微上移,线圈顶部有少量起股。对Ⅰ-3C414电容器组开展诊断性试验,电容器组电容量、绝缘电阻合格,串联电抗器A、B相直流电阻、电感量合格,串联电抗器B相匝间过电压试验过程中伴有轻微放电声,且B相匝间过电压波形较A相衰减速度快,判断B相可能存在匝间绝缘缺陷。

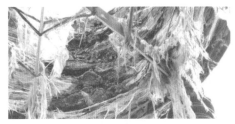

（a）远视图　　　　　　　　　　　　　　　（b）近视图

图4-4-1　35kVⅠ-3C414电容器组串联电抗器C相故障损坏

该电容器组型号为TBB35-60000/500-AQW,配套串联电抗器型号为CKGKL-1000/35-5W,2017年9月出厂,2017年12月投运,2019年4月开展首检。2021年5月因串联电抗器A相至电容器组连接排发热进行消缺,消缺后串联电抗器直流电阻测试合格,串联电抗器本体历次红外检测及运行巡视未见异常。

（3）其他一次设备检查情况。检查35kVⅠ母线桥、电压互感器、避雷器、410断路器、4103隔离开关等设备无异常。35kV过桥母线至4103隔离开关A相引下线表面有放电痕迹,如图4-4-2所示。

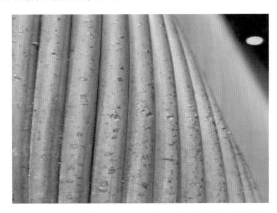

图4-4-2　35kV过桥母线至4103隔离开关A相引下线表面放电痕迹

2.二次设备检查情况

（1）1号主变压器保护动作情况。1号主变压器第一套CSC-326保护动作情况见表4-4-1，起始时刻为9月19日15时32分5秒946毫秒。其中1号主变压器高、中压侧TA变比为3000/1，低压侧外附TA，套管TA变比为4000/1，公共绕组TA变比为1500/1。

▼ 表4-4-1　　　　　1号主变压器第一套CSC-326保护动作情况

序号	动作相对时间	动作元件
1	0ms	保护启动
2	58ms	纵差保护

1号主变压器第二套NSR-378保护动作情况见表4-4-2，起始时刻为9月19日15时32分5秒948毫秒。

▼ 表4-4-2　　　　　1号主变压器第二套NSR-378保护动作情况

序号	动作相对时间	动作元件
1	0ms	保护启动
2	14ms	纵差保护

（2）35kVⅠ母无功设备保护动作情况。9月19日15时32分7秒007毫秒，Ⅰ-2C406电容器组、Ⅰ-3C414电容器组保护NSR620R低电压保护动作。9月19日15时32分8秒697毫秒，#1STATCOM控制保护装置系统故障动作。

9月19日15时32分7秒067毫秒，1号备用电源自动投入装置NSR640R动作。

（3）故障录波分析。调取主变压器故障录波装置录波文件，如图4-4-3所示，故障前系统电流、电压无明显异常，故障期间1号主变压器高压侧A相电压跌落至57V，中压侧A相电压跌落至51V。高压侧电流无明显突变；中压侧A相故障电流与B、C相相位相反，且A相电流幅值约为B、C相的2倍；低压侧C相故障电流为7.77A（4000/1），A、B相电流无明显突变。

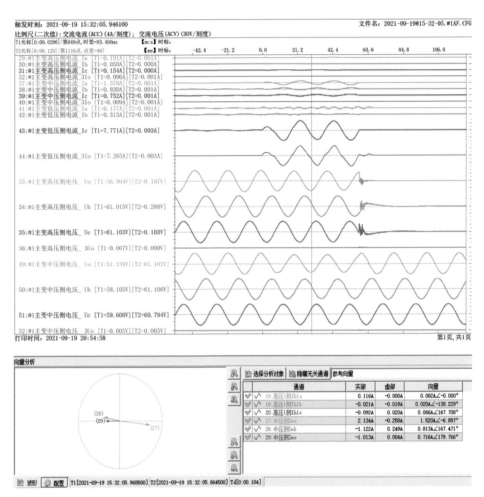

图 4-4-3　主变压器故障录波分析

调取主变压器保护装置录波文件，如图 4-4-4 所示，故障前 1 号主变压器三侧电压、电流波形均正常，无差流。故障开始第一个周波，低压侧 A、C 相电压明显降低并存在高次谐波分量，B 相电压基本不变，一个周波后 B 相电压升高到 93V［约 1.5（标幺值）］，A、C 相电压接近于 0；故障期间 1 号主变压器 A 相均有明显差流（1.772I_e），低压侧套管 A 相电流为 4.71A，B、C 相分别为 2.31、2.44A，A 相故障电流约为 B、C 相 2 倍，且相位相反。根据上述录波分析，故障起始时刻主变压器低压侧发生 AC 相间短路故障，约一个周波后发

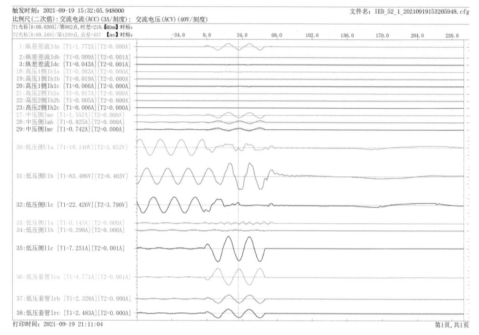

图4-4-4 1号主变压器保护装置故障录波

展为AC相间短路接地故障。

分析1号主变压器低压侧录波波形，C相故障电流较大（7.1A），A相电流很小（0.145A），主变压器低压侧故障电流只流经外附TA C相，判断主变压器低压侧发生了区内A相与区外C相的相间短路故障。

（4）保护动作时序分析。Ⅰ-3C414电容器组串联电抗器C相故障时，35kV母线电压正常，尚未产生故障电流，电容器保护不动作。主变压器差动保护动作跳开三侧后，35kV母线失压，约1s后Ⅰ-2C406、Ⅰ-3C414电容器组保护低电压保护动作跳开406、414断路器，随后#1STATCOM检测无35kV母线电压控制保护装置动作出口跳开434断路器，1号站用变压器失压后1号备用电源自动投入装置动作，动作过程如图4-4-5所示。

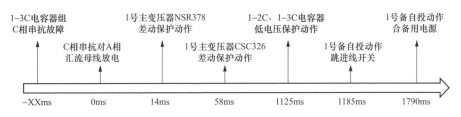

图 4-4-5　故障发展及保护动作时序图

3.故障原因分析

结合故障录波及现场检查情况，分析故障过程如下：35kVⅠ-3C414电容器组串联电抗器C相因匝间绝缘故障冒烟（视频监控显示起始冒烟时间为15时29分25秒左右），烟雾致使串联电抗器C相与相邻的35kV过桥母线A相引下线（该部位处于主变压器差动范围内，两者间距离约4m）之间空气绝缘强度降低，引发AC相间短路放电，造成1号主变压器差动保护动作跳闸。414串联电抗器C相与过桥母线A相相对位置、放电路径及放电痕迹如图4-4-6所示。

(a) C相与过桥母线A相相对位置、放电路径

(b) 放电痕迹

图 4-4-6　414串联电抗器C相与过桥母线A相相对位置、放电路径及放电痕迹

故障电流路径如图4-4-7所示，主变压器低压侧汇流母线C相——过桥母线C相——410TA C相——410断路器C相——35kV母线C相——414断路器C相——414串联电抗器C相本体——过桥母线A相——主变压器低压侧汇流母线A相，由于故障电流流至过桥母线A相后，不经410TA A相，故主

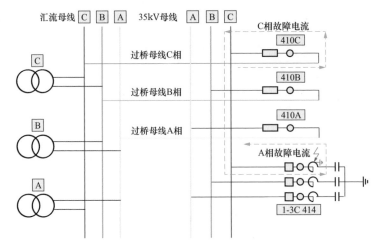

图4-4-7　设备位置及故障示意图

变压器低压侧外附TA A相未测到故障电流。

● **4.4.5　监督意见及要求**

（1）建议尽快组织对该厂家同批次电抗器产品开展匝间过电压试验。若试验不合格，应立即退出运行并立项更换；若试验合格，应增加设备红外测温频次，如后续解体证实该厂串联电抗器存在工艺材质不良问题，应尽快安排退出运行并立项更换。

（2）应用感温片、红外传感等在线监测技术，实现干式电抗器运行温度实时跟踪，提升设备温度异常快速处置能力。

（3）研究干式电抗器匝间短路、发热等电气量、非电气量保护措施，提出切实可行的事故预防和保护方案，避免设备损坏和事故扩大。

（4）建议35kV电容器组配套串联电抗器单独采购，提升串联电抗器供货质量。

（5）开展电气设备故障烟雾影响空气绝缘性能机理研究，提出新建站无功设备布局方式优化调整策略；针对在运站，若无功设备与主变压器差动范围内设备布局紧凑，应对与无功设备临近的主变压器差动范围内母（引）线开展绝缘化改造。

5 电流互感器技术监督典型案例

5.1 220kV 2号主变压器620电流互感器串并联发热异常分析

- 监督专业：电气设备性能
- 设备类别：电流互感器
- 发现环节：运维检修
- 问题来源：运维检修

5.1.1 监督依据

《国家电网公司变电检测管理规定（试行） 第1分册 红外热像检测细则》

5.1.2 违反条款

依据《国家电网公司变电检测管理规定（试行） 第1分册 红外热像检测细则》附录 D.1 的规定，电流致热型设备缺陷诊断判据：电流互感器以串并联出线头或大螺杆出线夹为最高温度的热像或以顶部铁帽发热为特征，热点温度＞55℃或 $\delta \geqslant 80\%$ 为严重缺陷。

5.1.3 案例简介

2019年6月，试验人员对220kV某变电站进行带电检测专业巡视，进行精确测温时发现620电流互感器C相靠B相串并联部位发热异常，判断热点为C相靠B相串并联出线头螺栓位置，属于电流致热性缺陷，发热温度为66℃，正常相34℃，负荷电流为162A。相对温差为94.1%，根据相关规程判断该TA

串并联异常发热属严重缺陷。

2019年7月10日，试验配合厂家对620TA进行停电检查，拆除了TA顶端保护罩与金属膨胀器，对储油柜内部端子进行了检查维护，通过回路电阻测试发现P2、C2出线头之间回路电阻严重超标，对C1与C2之间的金属软连接进行更换与打磨，修后试验合格，判断本次异常发热为串并联金属软连接老化导致。

● 5.1.4 案例分析

1. 红外检测

2019年6月，试验人员在带电检测过程中发现620TA串并联发热异常，发热部位集中在电流互感器C相靠B相串并联出线头螺栓位置，如图5-1-1所示。

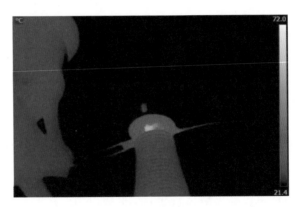

图5-1-1　620电流互感器串并联发热异常

发热温度为66℃，正常相34℃，根据红外图谱判断为电流致热型发热，相对温差为94.1%，符合《国家电网公司变电检测管理规定（试行）　第1分册　红外热像检测细则》中对电流制热型严重缺陷的定义。判断过程如下，发热点集中在接线螺栓上，绝缘子温度无明显变化，因此TA储油柜与内部绕组发热的可能性较小，因某段电阻值超标导致电流型制热可能性大；初步判断为串并联回路中电阻超标导致的发热异常，需通过停电试验正面论证判断。

2.停电检修

2019年7月10日，该公司安排厂家配合现场工作，对620TA进行检修维护工作，拆除了TA顶部保护罩与金属膨胀器，对储油柜内部接线头进行了打磨处理。图5-1-2为TA顶部储油柜内部构造，储油柜内部主要由四个螺栓构成并分别对应一个外部接线端子，其中P1、P2为出线端子；TA内部由两对绕组构成，分别对应P1C2、P2C1，C1接线端子通过均压环与C2连接，判断620TA串并联类型为串联。

图5-1-2　储油柜内部结构

对620TA串并联结构分相进行回路电阻测试，测试数据见表5-1-1。

▼ 表5-1-1　　　　　　　　　620TA修前回路电阻测试数据

测量端	相序		
	A相（μΩ）	B相（μΩ）	C相（μΩ）
P2C1	491	764	1160
P2C2	709	1110	5235
P2P1	1453	1642	6395

实际测量回路电阻受到螺栓表面锈蚀程度影响，如表5-1-1所示，C相回路电阻严重超标，P2P1阻值较A相、B相分别高出340.1%、289.5%，经过

216　电力设备全过程技术监督典型案例
变压器类

数据分析发现回路电阻值异常主要来自P2C2回路电阻（5235μΩ），较A相（709μΩ）与B相1110（μΩ）分别高出638.4%，371.6%，图5-1-3为电流互感器内部串联结构示意图，根据回路电阻值数据判断故障点在C1C2连接回路中的可能性最大，并开展针对性检修。

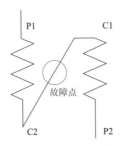

图5-1-3　电流互感器内部串联结构示意图

因C1分别经软连接铜排，均压环与C2相连，在对连接部位打磨过程中发现软连接铜排锈蚀老化严重，如图5-1-4所示，厂家更换了C1、C2两端的软连接铜排，并对均压环与接线螺栓进行了打磨处理，恢复了顶部保护罩与膨胀器。

图5-1-4　软连接铜排锈蚀老化严重

试验人员对处理之后的TA进行了修后试验，试验数据见表5-1-2，表中显示在更换C1、C2软连接铜排后，P2C2回路电阻明显下降，阻值相比处理前下降72%，处理之后效果明显，对C相TA进行修前修后介质损耗高压试验，未发现有明显变化，红外复测正常。

▼ 表5-1-2　　　　　　　　　620TA检修后回路电阻测试

测量端	相序		
	A相（μΩ）	B相（μΩ）	C相（μΩ）
P2C1	491	764	1147
P2C2	709	1110	1455
P2P1	1453	1642	2650

● 5.1.5　监督意见及要求

（1）电流互感器串并联结构中的软连接铜排容易发生腐蚀与老化，在带电检测过程中需要重点关注电流互感器串并联结构，提前发现因铜排老化导致的电流型制热。

（2）当发现电流互感器串并联结构处热点集中的发热异常，可重点排查连接铜排与连接螺栓松动锈蚀。

5.2　220kV SF$_6$电流互感器内部紧固螺栓松动导致SO$_2$气体含量异常分析

- 监督专业：电气设备性能
- 设备类别：电流互感器
- 发现环节：运维检修
- 问题来源：设备制造

● 5.2.1　监督依据

Q/GDW1168—2013《输变电设备状态检修试验规程》

● 5.2.2　违反条款

依据Q/GDW1168—2013《输变电设备状态检修试验规程》中8.2的规定，

运行中的SF_6设备，$SO_2 \leqslant 1\mu L/L$（注意值）。

● 5.2.3 案例简介

2018年9月25日，某公司在对220kV某变电站220kV 618间隔进行例行试验时，检测发现某某618电流互感器B相中SO_2达到3.72μL/L，超过相关标准注意值，分析判断该电流互感器内部存在放电故障。9月27日对其进行了整体更换，并将故障TA运回厂家准备解体检查。2018年10月20日技术人员在厂家车间对其进行了解体检查，检查发现该电流互感器内部二次绕组屏蔽罩抱箍紧固螺栓松动导致一侧抱箍未牢靠接地，产生悬浮电位对屏蔽罩放电。

该电流互感器为2005年10月生产，型号为LVQB-220W2，编号为2005208。

● 5.2.4 案例分析

1.现场试验情况

2018年9月25日，试验人员在220kV 618电流互感器进行例行试验时，通过对SF_6气体综合检测发现B相电流互感器中SO_2气体达到3.72μL/L，9月26日，进行跟踪复测，采用SO_2氢离子化色谱仪进行了3次检测，结果分别为7.531、9.688、11.62μL/L，均大于相关标准要求。

设备在正常运行时，SF_6分解产物极少，当设备内部出现绝缘缺陷时，SF_6气体长期处在放电环境中分解，并与设备中的微量空气、水分等杂质反应，形成SO_2、SOF_2、HF等分解产物；通过分析分解产物组成及含量多少，可以用来判断设备绝缘缺陷的性质及损害程度。Q/GDW 1168—2013《输变电设备状态检修试验规程》中规定：$SO_2 \leqslant 1\mu L/L$（注意值）。综合判断该电流互感器内部可能存在放电故障。9月27日对其进行了整体更换。

2.解体情况

2018年10月20日，技术人员在设备制造厂车间内对该电流互感器进行了解体检查，解体检查前对该TA再次进行了SF$_6$气体综合分析，SO$_2$含量为1.5μL/L，SO$_2$含量下降的原因为该TA退出运行后静置了一段时间，由于静置过程中TA内部的吸附剂不断吸附，致使解体前SO$_2$含量下降。

接下来进行局部放电试验，当试验人员对该TA加压到196.6kV时，局部放电量已达199.8pC，根据相关规程应该加压到460kV，因为局部放电量已达量程，试验人员停止加压。技术人员对该台TA进行2部分解体。第一部分为头部解体（二次部分），第二部分为下部解体（瓷体部分）。下部解体后未见异常，下部装有吸附剂（如图5-2-1所示）。头部解体时（二次部分），揭开封闭左右两侧的盖板，在TA二次绕组屏蔽罩与头部外壳之间发现大量粉尘（如图5-2-2所示）。

图5-2-1　下部解体（瓷体部分）有吸附剂

图5-2-2　二次绕组屏蔽罩与头部外壳之间发现大量粉尘

技术人员将TA二次绕组屏蔽罩拆下（如图5-2-3所示），发现有大量粉尘喷出的痕迹。当拆开TA二次绕组屏蔽罩封闭圈时，发现内部抱箍紧固螺栓松动，接地线（零位线）牢固可靠，有大量粉尘喷出的痕迹。

解下抱箍后，发现上有明显放电痕迹（如图5-2-4所示），将6个二次线圈从屏蔽罩中取出，发现内壁侧有一个明显放电点（如图5-2-5所示），同时观察绝缘纸板，也找到了对应放电点（如图5-2-6所示）。

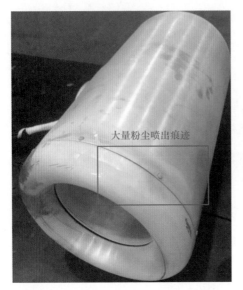

图 5-2-3　TA拆下的二次绕组屏蔽罩

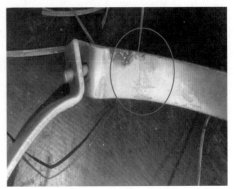

图 5-2-4　解下的抱箍

图 5-2-5　内壁侧发现放电点

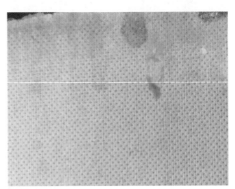

图 5-2-6　绝缘纸板上对应的放电点

3.原因分析

结合解体检查及试验情况分析，该TA六氟化硫气体中二氧化硫含量超标的主要原因是由于TA二次绕组屏蔽罩内部抱箍紧固螺栓松动，其中一侧抱箍上有接地端已牢固接地，而另一侧抱箍与接地端未有效导通，接地不可靠，导致该侧抱箍产生悬浮电位，进而对屏蔽罩产生悬浮放电，由于短时间间歇性高能量放电最终使SF$_6$气体分解产生SO$_2$气体，并且产生大量粉尘。

● 5.2.5 监督意见及要求

（1）建议厂家在生产过程中加强管理，严格执行生产工艺要求，严格把关质量控制点。

（2）设备运维检修单位加强新设备入网检测、把关，针对新设备的一些关键检查、试验项目，必须要严格把关，如有疑问应要求厂家复测或出具说明函，必要时要求更换。

（3）充分利用化学专业SF$_6$气体检测等带电检测手段，结合高压停电及带电试验手段对设备加强平时跟踪及检测，及时发现、处理设备故障。

（4）SF$_6$气体检测带电检测手段是一种行之有效的设备问题发现手段，能提前发现许多停电例行试验才能发现的问题，必须严格按照带电检测周期开展相关工作，确保设备不漏检、误检。

5.3 220kV电流互感器外部瓷套破损导致乙炔异常超标分析

- ● 监督专业：电气设备性能
- ● 设备类别：电流互感器
- ● 发现环节：运维检修
- ● 问题来源：运维检修

● 5.3.1 监督依据

Q/GDW 1168—2013《输变电设备状态检修试验规程》

● 5.3.2 违反条款

（1）依据Q/GDW 1168—2013《输变电设备状态检修试验规程》中5.4.1.3的规定，检测高压引线连接处、电流互感器本体等，红外热像图显示应无异常温升、温差和/或相对温差。

（2）依据Q/GDW 1168—2013《输变电设备状态检修试验规程》中

5.4.1.1的规定，油中溶解气体分析，乙炔含量应小于等于1μL/L（注意值），氢气含量应小于等于150μL/L（注意值），总烃含量应小于等于100μL/L（注意值）。

● 5.3.3 案例简介

2020年6月17日，变电检修公司对220kV某变电站开展迎峰度夏特巡工作，在对1号主变压器高压侧610电流互感器进行红外测温时，发现电流互感器一次变比连接片发热，A相温度55.7℃，B相温度52.3℃，C相温度48.1℃，负荷电流180A。为进一步确认该发热缺陷的性质，检修人员于6月24日对其进行了跟踪测温及油中溶解气体分析，发现610电流互感器A相乙炔含量严重超标943.3μL/L（注意值≤1μL/L），B相也存在微量乙炔3.4μL/L（注意值≤1μL/L）。当日下午，立即向运检部及调度申请停电，于6月28日对该组电流互感器进行了更换并送电成功。6月30日，变电检修公司会同省电科院、市公司运检部专家对A相电流互感器进行了解体，解体后，发现瓷套内侧距顶部35cm处有放电痕迹。

该电流互感器型号为LB-220B，1997年3月生产，1997年11月投运，运行时间将近23年（至2020年）。

● 5.3.4 案例分析

1. 现场检查情况

2020年6月17日，变电检修公司工作人员对220kV某变电站610电流互感器进行红外测温时发现电流互感器一次变比连接片处有热点，其中A相温度为55.7℃；B相温度为52.3℃，C相温度为48.1℃，负荷电流180A。红外热成像图如图5-3-1~图5-3-3所示。

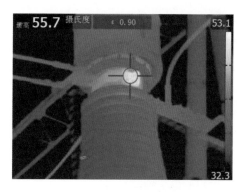

图5-3-1 610电流互感器A相

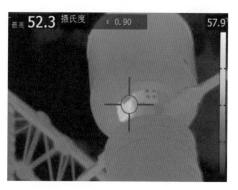

图5-3-2 610电流互感器B相

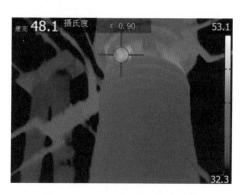

图5-3-3 610电流互感器C相

为进一步确认该发热缺陷的性质，变电检修公司迅速安排人员进行跟踪测温及油中溶解气体分析，发现610电流互感器A相乙炔含量严重超标943.3μL/L（注意值≤1μL/L），B相也存在微量乙炔3.4μL/L（注意值≤1μL/L）。为确保结果的准确性，于6月24日下午对该组电流互感器再次进行油中溶解气体分析，结果无明显差异，同时比对2019年10月的数据，发现乙炔、氢气含量急剧升高，推测A相电流互感器存在过热、高能放电等缺陷。油中溶解气体分析结果见表5-3-1。

在发现异常后，变电检修公司迅速立即向运检部及调度申请停电，在停电后对该组电流互感器进行了诊断性试验，各项试验数据无异常，且与历史试验数据对比无明显变化。

▼ 表5-3-1　　　220kV某变电站610电流互感器油中溶解气体分析结果

设备编号	H_2（μL/L）	CO（μL/L）	CO_2（μL/L）	CH_4（μL/L）	C_2H_4（μL/L）	C_2H_6（μL/L）	C_2H_2（μL/L）	总烃（μL/L）	试验日期
610 A相	36	417	1615	2.2	0.4	0.9	0	3.5	2019-10
610 B相	16	257	1478	1.7	0	0	0	1.7	2019-10
610 C相	36	437	1285	1.0	0	0	0	1.0	2019-10
610 A相	2587	571	2307	237.6	231.4	0	964.3	1433.3	2020-06-24 上午
610 B相	40	522	2051	3.7	1.6	0.8	3.4	9.5	2020-06-24 上午
610 C相	41	447	1766	3.0	1.2	0.9	0.3	5.4	2020-06-24 上午
610 A相	2287	525.7	2230	232.3	225.2	0	928.6	1386.1	2020-06-24 下午
610 B相	48	595	2084	3.8	1.4	0.8	2.0	8.0	2020-06-24 下午
610 C相	40	465	1760	2.4	1.1	0.8	0.2	4.5	2020-06-24 下午

2.故障点查找

为进一步确定故障原因，检修人员于6月30日对A相电流互感器进行了解体工作，在将电流互感器内变压器油放出后，拆除顶部金属膨胀器时，发现用于隔离引出线的绝缘纸板有一块存在下沉现象，下沉4～5cm，如图5-3-4所示，将四块纸板抽出后发现，出现下沉现象的纸板吸附有放电后产生的碳化物，其他未出现下沉的纸板则无此现象，如图5-3-5所示。根据此现象，检修人员推测，电流互感器运行过程中可能出现过少油的现象。

此后，检修人员将电流互感器的瓷套吊出，如图5-3-6所示，在将瓷套吊出后，未在导电部分上发现明显的放电痕迹，但是在图5-3-5吸附有碳化物的纸板所包围的接线板上发现有碳化物吸附,如图5-3-7所示,检修人员推测,接线板吸附的碳化物可能是其他位置放电产生的,产生后上浮吸附在接线板上,也有可能该接线板即为放电点。

图5-3-4　纸板出现下沉

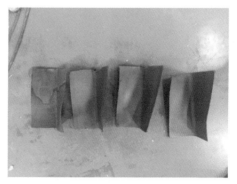

图5-3-5　纸板上吸附有碳化物

图5-3-6　吊出互感器瓷套

图5-3-7　接线板吸附碳化物后变黑

为确定放电位置,检修人员对导电部分的电屏进行了剥离,未在电屏上发现放电痕迹,其首屏与末屏都较为完好,可以确定电流互感器的放电部位不在有绝缘纸包裹的位置,结合前面的猜想,可以确定,放电位置位于吸附有碳化物的接线板附近,且有可能是对电流互感器的瓷套放电。

检修人员对电流互感器瓷套进行检查后,发现瓷套内侧距顶部35cm处发现有放电痕迹,放电痕迹的具体情况如图5-3-8所示,也验证了检修人员对于放电位置的猜测。

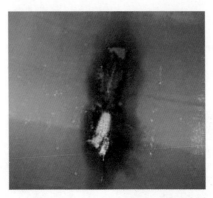

图5-3-8 放电痕迹（中间部分已贯穿）

检修人员确定放电点是在引线与导电杆连接处如图5-3-9所示，对接线板进行细致检查后发现在检查连接处时发现连接处有碳化物吸附如图5-3-10所示，可以确定放电点为此处。

图5-3-9 放电点位置　　　　　　　　图5-3-10 放电点吸附的碳化物

对电流互感器瓷套外部进行检查后，在绝缘瓷套的伞裙上发现了该绝缘子伞裙进行过修补的痕迹，同时发现该绝缘子附近的积污严重，推测此处即为放电点在瓷套外部的位置，位于从上往下第3~第4片伞裙区域，如图5-3-11所示。

(a) 整体示意

(b) 外部裂纹局部图

(c) 外部裂纹整体图

图5-3-11 610A相电流互感器瓷套

绝缘子外部存在裂纹，绝缘子内部存在贯穿性的裂纹。

3.原因分析

综合分析该TA安装时曾因为磕碰导致第五伞裙部分掉落，在伞裙掉落后，无贯穿性裂纹，无纵向裂纹，也未出现渗油漏油现象，将掉落的部分绝缘子黏合修补。产生放电的原因可能是由于该电流互感器在安装过程中因磕碰导致瓷外套伞裙破裂，结构强度受到影响，在气候影响下热胀冷缩，运行多年后，内部裂纹不断扩大，最终贯穿导致渗油。渗油过程中电流互感器内部进入潮气，加上伞裙积污，绝缘不断降低。2019年10月～2020年6月24日时间段内，电流互感器内部导电杆对绝缘子外套（因污秽和湿度等将瓷套视作高阻接地体）形成放电通道，多次放电后，变压器油中的低能碳单键吸收能量变为高能的碳三键，同时释放出氢气和乙炔，造成电流互感器的变压器油中溶解的氢气与乙炔含量严重超标。

● 5.3.5 监督意见及要求

（1）加强对运行年限超过20年的电流互感器的带电检测工作，特别是差动范围内设备的各种异常的分析。

（2）对同型号、同批次的电流互感器进行带电检查，确保其他电流互感器无同类型的故障。

5.4 110kV电流互感器二次回路接触不良导致本体顶部整体发热分析

- 监督专业：电气设备性能
- 设备类别：电流互感器
- 发现环节：运维检修
- 问题来源：安装调试

● 5.4.1 监督依据

DL/T 664—2016《带电设备红外诊断应用规范》

● 5.4.2 违反条款

依据DL/T 664—2016《带电设备红外诊断应用规范》第10章的规定，电压致热型设备的缺陷一般定为严重及以上的缺陷。

5.4.3 案例简介

2017年10月19日，试验人员在某110kV变电站进行保电特巡时，发现2号主变压器110kV侧520B相电流互感器（TA）顶部整体发热，发热部位较正常相高4K，初步判断其原因可能为TA铁芯存在缺陷导致损耗较大或内部固体绝缘老化，诊断为严重缺陷。

2017年10月27日，检修人员520TA进行了停电检修处理，发现B相TA接线盒内备用绕组端子排短接片缺少颗螺栓导致接触不良，造成TA二次绕组接触电阻过大，使二次回路电压过大超过TA伏安特性曲线拐点电压，使得铁芯饱和，铁芯损耗增加造成发热。在检修人员将备用绕组端子排短接片补上螺丝拧紧后，将520TA投入了运行，在运行4h和一个星期后，进行红外跟踪检测均未见发热，缺陷消除。

TA型号：LVB-110W，编号：20130184；出厂日期：2013年4月。

5.4.4 案例分析

1.现场检测情况

2017年10月19日，试验人员对变电站保电特巡中，发现该站520B相TA顶部整体发热，红外检测及可见光图像如图5-4-1所示。

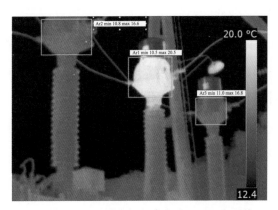

图5-4-1　520B相TA红外检测及可见光图像

通过红外检测发现B相TA顶部整体发热，温度较正常相高4K。外观检查无异常，二次电流检查正常。在进行带电取油后，进行了油化试验，结果显示B相TA油中CH_4、C_2H_6、CO、CO_2数据均较其余两相偏大，但在标准范围之内，具体数据见表5-4-1。结合检测情况，初步判断其原因可能为TA铁芯存在缺陷导致损耗较大或内部固体绝缘老化，诊断为严重缺陷。检修人员对110kV 520TA进行停电检修处理，保电期间对其加强油化试验及红外检测跟踪，确保其在保电期间的安全运行。

▼ 表5-4-1　　　　　　　　　110kV 520TA油化试验结果　　　　　　　μL/L

项目	A相	B相	C相
氢气H_2	16.01	8.23	12.45
甲烷CH_4	11.59	19.93	9.89
乙烷C_2H_6	0.624	1.143	0.285
乙烯C_2H_4	1.728	1.1	2.085
乙炔C_2H_2	0	0	0
总烃	13.942	22.173	12.26
一氧化碳CO	544.5	818.1	441.3
二氧化碳CO_2	339.9	695.8	368.9
结论	合格	合格	合格

2.检修处理及异常分析

2017年10月27日，检修人员对110kV 520TA进行停电检修处理，发现B相TA接线盒内备用绕组端子排短接片缺少颗螺丝，如图5-4-2所示，导致备用二次绕组回路接触不良。

当TA的二次回路接触电阻过大时，会使二次回路电压过大，一旦二次回路电压超过TA伏安特性曲线的拐点电压后，TA就会饱和，在运行中就造成铁芯损耗增加，产生发热现象。由于是备用绕组端子排短接片接触不良，并不是开路，所以二次端子没有放电或烧毁痕迹，反馈到一次，发热温度也并

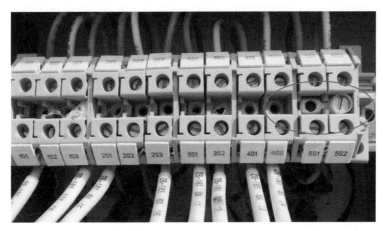

图 5-4-2　520B 相 TA 备用绕组（5S1-5S2）端子排短接片缺少颗螺丝

不是很高，其余绕组二次电流也运行正常。但若不及时处理，长期运行可能会造成 TA 发热加剧甚至烧毁。

在检修人员将备用绕组端子排短接片补上螺丝拧紧后，将 520TA 投入了运行，在运行 4h 和一个星期后，进行红外跟踪检测均未见发热，确认缺陷已经消除。

● 5.4.5　监督意见及要求

（1）在对设备进行红外测温时，要对设备的重点部位、易出现隐患的部位进行重点关注，一旦发现存在发热，要及时汇报，并进行全面检测和深入分析，防止缺陷发展导致事故的发生。

（2）据了解，520TA 系 2015 年变电站改造时由施工单位安装，此种"TA 备用绕组端子排短接片少了个螺丝"属于安装质量问题，验收时也未发现。因此，要加强安装质量和验收管控。

（3）对于 TA 备用绕组短接不良导致二次回路接触电阻过大，与 TA 二次回路开路有一定的区别，有可能二次回路电压并未达到 TA 伏安特性的电压饱和点，此时 TA 铁芯损耗会有一定的增加，但并未饱和，发热轻微，用红外测温会发现温差并不大。所以对于此种情况，检测人员应引起注意。

5.5 110kV电流互感器制造工艺不良导致二次绕组绝缘下降分析

- 监督专业：电气设备性能
- 设备类别：电流互感器
- 发现环节：运维检修
- 问题来源：设备制造

5.5.1 监督依据

Q/GDW 1168—2013《输变电设备状态检修试验规程》
《国家电网公司变电检修通用管理规定　第6分册　电流互感器检修细则》

5.5.2 违反条款

依据《国家电网公司变电检修通用管理规定　第6分册　电流互感器检修细则》2.2 a）的规定：设备外观完好；外绝缘表面清洁、无裂纹、漏胶及放电现象。

5.5.3 案例简介

2016年7月专业巡视发现110kV某变电站502TA（穿墙套管TA）内外根部均存在明显的开裂现象，如图5-5-1所示。

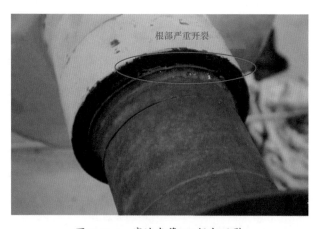

图5-5-1　穿墙套管TA根部开裂

从图5-5-1看出，套管根部密封胶全部开裂失效，可以看到内部密封垫圈，一旦进水或受潮，很容易引起二次绝缘甚至主绝缘下降。

该电流互感器型号：SRLG2；出厂日期：2006年11月。

● **5.5.4 案例分析**

1.试验数据分析

取编号2006717穿墙TA作为样本分析。解体前进行试验，绝缘试验和介质损耗试验数据见表5-5-1和表5-5-2。

▼ 表5-5-1　绝缘试验（温度：34℃，湿度：52%，试验日期：2016-08-03）

一次对二次及对地	400GΩ			
二次对一次及对地	64MΩ			
二次绕组	1S1、1S2（MΩ）	2S1、2S2（MΩ）	3S1、3S2（MΩ）	4S1、4S2（MΩ）
绝缘阻值	100	30	50	25
末屏绝缘	420 MΩ			

▼ 表5-5-2　　　　　　　　　　介质损耗试验数据

部位	$\tan\delta$（%）	C_x（pF）
主绝缘	0.024	223
末屏	10.6	481.5

与该TA的交接试验及历次例行试验数据进行比较，发现二次绕组绝缘有明显下降，一次末屏介质损耗超标。为了验证穿墙TA的防水性能，对该TA进行了浸水试验（如图5-5-2所示）。

浸水24h后，对该穿墙TA进行了试验，试验结果见表5-5-3和表5-5-4。

从浸水后试验结果看出，二次绕组及末屏绝缘下降明显，部分二次绕组已经完全失去绝缘，短时间浸水对一次主绝缘几乎没有影响。

(a) 从户外侧根部进行浸水试验   (b) 户内侧根部有水流出

图5-5-2　浸水试验

▼ 表5-5-3　　　　　　　　　　绝缘试验（浸水24h后）

一次对二次及对地	310 GΩ			
二次对一次及对地	0 MΩ			
二次绕组	1S1、1S2（MΩ）	2S1、2S2（MΩ）	3S1、3S2（MΩ）	4S1、4S2（MΩ）
绝缘阻值	9.2	0.3	0.3	0
末屏绝缘	40.8 MΩ			

▼ 表5-5-4　　　　　　　　　　介质损耗试验（浸水24h后）

部位	$\tan\delta$（%）	C_X（pF）
主绝缘	0.023	222.4
末屏	−5.335	0.06

2.解体检查分析

该穿墙TA整体结构为一次绕组由多层聚四氟乙烯电容屏组成，最外一层由末屏引出接地，二次绕组整体安装在中间金属桶内，金属桶两端由密封圈和密封胶进行密封。

打开穿墙套管TA根部两侧端部封盖，发现户外侧端盖内部已经严重锈蚀，密封圈松脱老化（如图5-5-3所示），说明端部进水受潮时间较长。

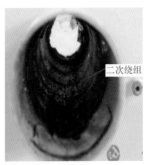

图5-5-3 穿墙套管TA打开封盖后

拉出一次绕组后，倾斜中间金属桶，金属桶内有大量水流出，仔细检查发现，中间二次绕组上部只有一层薄绝缘纸，内部锈蚀严重。从图5-5-2可以看出，只要套管根部两端密封失效，二次绕组没有密封保护，很容易受潮导致二次绕组绝缘下降甚至为零。

3.结论

通过以上案例可以看出110kV干式穿墙电流互感器的制造工艺技术还不成熟，根据干式电流互感器的结构特点和使用的绝缘材料，如果箱体密封不严，潮气很容易从缝隙处进入箱体内部吸附在绝缘材料上。湖南属于多雨省份，气温突变多，如果穿墙套管户外侧根部开裂密封失效，末屏绝缘和二次绕组绝缘就容易受潮，就会埋下设备安全隐患，威胁电网的安全运行。

● **5.5.5 监督意见及要求**

（1）加强对穿墙套管TA的专业巡视和红外测温工作，必要时可缩短停电试验周期。停运的设备，重新投运时必须进行二次和末屏绝缘试验。

（2）全面排查穿墙套管TA，根部是否存在开裂，如果严重开裂，结合停电例行试验进行更换，必要时尽快停电更换。

（3）全面排查统计在运穿墙TA，对运行年限较久的可以考虑列入公司技改储备项目逐步全部进行更换。更换时，可以考虑更换为不带TA的纯穿墙套管，另外加装一组TA。

（4）建议110kV及以上新建、增容、设备改造换型工程中不再选用干式TA，优先选用油TA。

5.6 35kV电流互感器励磁特性不合格导致保护装置频繁误动分析

- 监督专业：电气设备性能
- 设备类别：电流互感器
- 发现环节：运维检修
- 问题来源：设备制造

5.6.1 监督依据

GB 50150—2016《电气装置安装工程　电气设备交接试验标准》
Q/GDW 11447—2015《10kV—500kV输变电设备交接试验规程》

5.6.2 违反条款

（1）依据GB 50150—2016《电气装置安装工程　电气设备交接试验标准》中10.0.11规定，当继电保护对电流互感器的励磁特性有要求时，应进行励磁特性曲线测量。

（2）依据Q/GDW 11447—2015《10kV—500kV输变电设备交接试验规程》中表5规定，励磁特性曲线测量在继电保护有要求时进行，应满足继电保护相应等级要求。

5.6.3 案例简介

2019年1月，某变电站的一条35kV线路投运后频繁出现继电保护装置误动。在一个月的时间内继电保护装置误动了6次。查阅交接试验数据发现A相电流互感器励磁特性拐点电压明显偏低。对A相电流互感器进行更换后，设备运行正常。

● **5.6.4 案例分析**

1. 数据查阅与分析

查阅继电保护装置后台的数据记录，发现每次跳闸都是Ⅲ段过电流保护动作而且均为A相超过定值。但变电站一次检修、运维、线路检修人员每次进行联合巡检，均未发现一次设备有任何异常。试验人员对本侧和对侧的35kV开关柜内开关、TA、避雷器进行绝缘测试数据均合格，对线路进行绝缘电阻测试数据也合格。

整理本侧、对侧继电保护装置后台的数据记录分别见表5-6-1和表5-6-2。

▼ 表5-6-1 跳闸时变电站本侧负荷数据 A

相别	每次跳闸时的电流					
	1	2	3	4	5	6
A	748	726	738	743	756	816
备注	测试值均根据电流互感器变比折算到1次电流。Ⅲ段过电流保护的定值为700A（折算到一次），动作时间为1.5s					

▼ 表5-6-2 跳闸时变电站对侧负荷数据 A

相别	每次跳闸时的电流					
	1	2	3	4	5	6
A	420	378	382	382	392	416
B	425	369	380	386	386	422
C	418	375	384	385	388	418
备注	测试值均根据电流互感器变比折算到1次电流					

该线路的额定电流是500A。从表5-6-2可以看出，每次跳闸时，三相负荷电流基本平衡。负荷电流只是较大，并未超过额定值，也没有任何短

路电流。此时，继电保护装置不应该动作。而且，每次跳闸时，A相电流互感器的电流测量值均不正常。因此，怀疑是A相电流互感器的励磁特性拐点偏低使得负荷电流较大时，二次回路的励磁电流过大，引起继电保护装置误动。

查阅该间隔的电流互感器交接试验报告，三相电流互感器的励磁特性数据见表5-6-3，A相的保护绕组的励磁特性数据，同电流情况下电压明显低于B、C两相。

▼ 表5-6-3　　　　　　　　　　交接试验励磁特性试验数据

相别	二次绕组	电流（A）	0.05	0.1	0.2	0.5	1.0	5.0
A	1S1、1S2	电压（V）	29.7	65.6	121.5	174.1	201.4	231.0
B	1S1、1S2	电压（V）	56.7	113.9	179.3	211.0	231.9	259.7
C	1S1、1S2	电压（V）	59.5	115.4	181.9	209.9	232.6	260.9

2.励磁特性数据的计算分析与诊断性试验验证

对该间隔电流互感器的励磁特性数据计算如下：

电流互感器的1S绕组为保护绕组。变比为500/5。保护绕组的准确级为5P30，容量为30VA。A相1S绕组直流电阻测试值为0.55Ω。功率因数取0.8。

计算额定二次负荷阻抗为：0.96+0.72j。

计算二次阻抗为：0.55+0.1j。

计算30倍额定电流情况下线圈感应电势为258V，即二次绕组端施加励磁电压258V时测量的励磁电流应小于$0.05 \times 30 \times 5 = 7.5A$。

对该间隔A、B、C三相的保护绕组重新进行了变比和励磁特性测量，变比均为500/5、减极性，与铭牌一致。用调压器及高精度的T24电流表、T24电压表复测励磁特性，结果见表5-6-4。

根据表5-6-4分析，B、C相电流互感器1S绕组在施加电压258V时励磁电流均未超过7.5A，但A相电流互感器1S绕组在电压238.1V时，励磁电流已

▼ 表5-6-4　　　　　　　　**复测励磁特性试验数据（电压值）**

相别	二次绕组	电流（A）		
		5	7.5	10
A	1S1、1S2	230.2V	238.1V	241.8V
B	1S1、1S2	258.3V	269.2V	273.8V
C	1S1、1S2	259.2V	271.4V	274.3V

经达到7.5A，因此励磁特性不满足性能要求。

以上测试的结果说明A相的变比正确，但励磁特性不满足使用要求。当负荷电流不大时，A相的变比正确，能正确测量电流，继电保护装置也不会误动；当负荷电流很大时，由于该电流互感器的励磁特性不满足使用要求，引起铁芯饱和，使得励磁电流过大，导致继电保护装置误动。

3.故障处理

对A相电流互感器进行了更换。更换后的A相电流互感器的励磁特性数据见表5-6-5。新更换的电流互感器励磁特性满足使用要求，投运后该线路再未出现继电保护装置误动的情况，正常运行至今。

▼ 表5-6-5　　　　**新更换A相电流互感器励磁特性试验数据（电压值）**

相别	二次绕组	电流（A）						
		0.05	0.1	0.2	0.5	1.0	5.0	7.5
A	1S1、1S2	58.2V	115.3V	181.5V	214.2V	232.5V	260.3V	270.4V

● 5.6.5 监督意见及要求

（1）试验人员在进行交接试验时，当继电保护对电流互感器的励磁特性有要求时，应进行励磁特性曲线测量；当电流互感器为多抽头时，应测量当前拟定使用的抽头或最大变比的抽头。测量后应核对是否符合产品技术条件要求。

（2）现场验收时，应对励磁特性数据严格把关，对测量的励磁特性数据进行严格的分析与核算，确保设备不带病投运。

6 电压互感器技术监督典型案例

6.1 220kV电容式电压互感器电容单元击穿导致二次电压与温度异常分析

- 监督专业：设备电气性能
- 设备类别：电压互感器
- 发现环节：运维检修
- 问题来源：设备制造

● 6.1.1 监督依据

DL/T 664—2016《带电设备红外诊断应用规范》

Q/GDW 1168—2013《输变电设备状态检修试验规程》

● 6.1.2 违反条款

依据DL/T 664—2016《带电设备红外诊断应用规范》表I.1中规定，油浸式耦合电容器整体温升偏高或局部过热，且发热符合自上而下逐步递减的规律，温差2~3K，建议进行介质损耗测量。

● 6.1.3 案例简介

2020年12月检测人员对220kV某变电站进行迎峰度冬特巡时，发现220kV I 母电压互感器上下节温度不一致，存在异常温升。查看监控后台采集到的电压：A相133.42kV、B相135.48kV、C相133.16kV，B相比A、C相电压偏高约2kV，后续进行了多次跟踪，红外异常一直存在。2021年5月进行停电检查，发现三相电压互感器均存在电容量超标问题，怀疑内部存在电容元件击穿，随即对电压互感器进行了更换。

该电压互感器型号为TYD220/$\sqrt{3}$-0.01H，2001年12月出厂。

6.1.4 案例分析

1. 红外精确测温

2020年12月16日，检测人员在巡视时发现220kV某220kV变电站Ⅰ母电压互感器红外异常，电压互感器上下节温度不一致如图6-1-1~图6-1-3所示。对图谱进行分析，A相上节温度0.2℃，下节温度2.0℃，温差为1.8℃；B相上节温度1.2℃，下节温度2.4℃，温差为1.2℃；C相上节温度1.2℃，下节温度0.6℃，温差为0.6℃。后续进行了多次跟踪，红外异常一直存在。

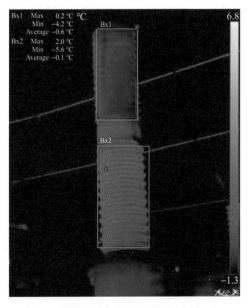 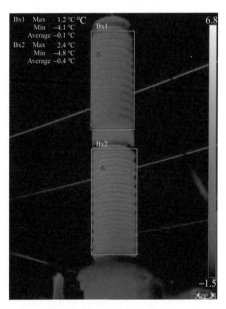

图6-1-1　A相红外图谱　　　　　　图6-1-2　B相红外图谱

为了获取更多设备工况，通过监控后台查看互感器采集电压情况：A相133.42kV、B相135.48kV、C相133.16kV，B相比A、C相电压偏高约2kV。

图6-1-3　C相红外图谱

根据红外测温情况初步判断，温差可能是电压互感器介质损耗偏大、电容量变化、老化或局部放电导致，其中电压异常的B相发热尤为明显，且上下节发热均处于上部，此处是高压电容区C11、C12所处位置，根据电容分压特性在高压电容区出现击穿导致电容量变大时，将使最下节中压电容区C2所承受的电压增加，从而引起二次电压升高。综合以上情况，B相电压互感器电容元件可能存在击穿。

2. 停电试验

2021年5月8日，对该CVT进行了停电检查，试验项目及数据见表6-1-1~表6-1-3。

▼ 表6-1-1　　　　　　　　　　　绝缘电阻试验数据

相别	A（MΩ）	B（MΩ）	C（MΩ）
C11	18000	22000	20000
C12	17000	19000	19000
C2	17000	21000	19000
末屏	6300	7100	6600
二次绕组	2500	3000	3000

▼ 表6-1-2   介质损耗及电容量试验数据

相别	试验部位	接线方式	试验电压（kV）	$\tan\delta$（%）	C_x（pF）	C_0（pF）	初值差（%）
A	C11	正接	10	0.265	20310	20370	-0.294
	C12	自激	2	0.267	32060	30090	6.547
	C2	自激	2	0.163	65160	64790	0.571
B	C11	正接	10	0.462	21010	20760	1.20
	C12	自激	2	0.105	32450	29902	8.521
	C2	自激	2	0.189	64430	64000	0.671
C	C11	正接	10	0.167	20270	20380	-0.539
	C12	自激	2	0.143	31280	30094	3.940
	C2	自激	2	0.105	64700	64785	-0.131

▼ 表6-1-3   变比试验数据

绕组	A		B		C	
	实测变比	铭牌值	实测变比	铭牌值	实测变比	铭牌值
1a-1n	2149	2200	2123	2200	2162	2200
2a-2n	2148	2200	2123	2200	2162	2200
da-dn	1242	1270	1228	1270	1250	1270

通过停电试验数据可以看出，三相电压互感器C12均存在增大情况且超过Q/GDW 1168—2013《输变电设备状态检修试验规程》中规定的"分压电容器试验：电容量初值差不超过 ±2%（警示值）"的要求。而B相变比相较于A、C两相偏小，这导致在电压相同的情况下B相二次电压将大于A、C两相，所以后台监控所呈现的一次电压较高。

3.解体检查情况

在对220kV I母电压互感器进行了紧急更换后，选取B相电压互感器移至高压试验大厅进行解体检查。先将上节与下节电容器分别取油后进行油化试验，再将外部套管取出，检查内部电容元件情况，经检查C11共有97屏电容芯子、C12共有66屏电容芯子、C2共有31屏电容芯子。使用万用表检查每屏电容芯子两极的导通情况，C11电容从上往下在检测到第74屏电容芯子时，发现两极之间发生导通。C12电容从上往下第3屏、第16屏、第17屏、第25屏、第41屏共5屏均出现导通情况。C2无异常。异常电容芯子外观如图6-1-4所示。第74屏电容芯子内部击穿点如图6-1-5所示。

图6-1-4　异常电容芯子外观　　　　图6-1-5　C11第74屏电容芯子内部击穿点

拆除该电压互感器电容元件两侧支撑件，查看异常电容芯子情况，通过外观检查发现电容芯子并无异常，随后对电容元件进行拆解，发现内部存在放电点，该电容芯子采用的是薄膜电容，是用两片铝箔做电极，再在两层金属箔中间夹以塑料薄膜，一起卷成扁柱形芯子，通过改变铝箔的面积，来制成电容大小不同的薄膜电容器。这种结构只要内部存在一个击穿点就会导致电容芯子短路失效。

4.绝缘油试验情况

220kV电容式电压互感器绝缘油试验情况见表6-1-4和表6-1-5。

绝缘油试验显示，上部特征气体总烃、H_2超过注意值，下部总烃、C_2H_2、H_2均超过注意值，绝缘油耐压及油中微水分析结果在规定范围内，按DL/T 722—2014《变压器油中溶解气体分析和判断导则》用三比值法计算编码上部为110、下部为112，故障类型均为电弧放电。

▼ 表6-1-4 绝缘油色谱数据 μL/L

设备名称	H_2	CH_4	C_2H_4	C_2H_6	C_2H_2	总烃	CO	CO_2
6×14TV B相上部	13139.7	178.9	3.84	10.1	0.9	193.8	1433.6	1120.1
6×14TV B相下部	35377.7	1242.9	587.3	71.2	652.3	2553.7	3909.5	3243.7

▼ 表6-1-5 绝缘油耐压及油中微水分析数据

项目	上部	下部
微水（mg/L）	17.3	19.7
耐压（kV）	41.4	54.6
油介质损耗（%）	0.702	0.891

5.异常原因分析

（1）B相电压偏高分析。220kV电容式电压互感器原理如下：三节电容串联分压，上节电容为C_{11}与下节电容为C_{12}、C_2，每部分电容由多个电容元件串联组成。根据现场检查结果，出现B相二次电压偏高，说明极有可能分压电容器C_2上的电压U_2偏高，把C_{11}、C_{12}当作一个整体电容C_1时，$C_1 = \dfrac{C_1 C_{12}}{C_{11} + C_{12}}$，根据分压公式$U_2$的表达式为

$$U_2 = \frac{C_1}{C_1 + C_2} U$$

式中　U——母线相电压。

若U_2的电压偏高则可能是由于C_1增大所致，而C_1是由多个电容元件串联组成，只有C_1串联的部分电容减小时，总电容C_1才会增大。结合试验结果可以发现三相均存在C_{12}增大的情况，根据分压公式与试验结果，计算出每相U_2的电压值，见表6-1-6。

▼ 表6-1-6 C_2分压值计算数据

项目	A	B	C
电压	0.1602U	0.1652U	0.1598U

可知电容量增大后 B 相 U_2 电压最高，所以导致 B 相二次电压高于 A、C 两相。

（2）电容量增大分析。由解体结果可知 C_{11} 电容芯子共有97屏，由多个电容量基本一致的电容芯子串联组成，而 C_{11} 的总电容量（出厂值）为20760pF，根据电容串联公式，其每一屏电容芯子的电容量为 20760×97=2013720pF。解体检查发现 C_{11} 电容第74屏发生击穿，实际工作电容芯子仅为96屏，则对应的 C 相电容式电压互感器 C_{11} 总电容量计算值为 2013720÷96=20976.2pF，实测值为21010pF。同理 C_{12} 击穿5屏后理论值为 29902×66÷61=32352.9pF，实测值为32450pF。计算的理论数据与实测数据保持一致。此数据进一步说明由于电容芯子击穿导致电容量增大，从而影响分压比变化，从而使 B 相电压相对 A、C 两相升高。

（3）击穿原因分析。该互感器2001年出厂至2020年已20年，薄膜电容在长期电压作用下，介质发生不可逆的物理化学等一系列变化，使介质受到破坏，击穿电场强度随时间的增加而逐渐降低，从而导致老化击穿。

（4）温差原因分析。部分电容芯子被击穿，导致介质损耗增大，从而产生热量，使绝缘油的温度上升。从 B 相红外测温图可以发现下节电容温度明显比上节温度高，这也对应了我们解体结果上节共击穿1屏而下节共击穿5屏。

● 6.1.5 监督意见及要求

（1）扎实开展红外精确测温工作，严格按照规程进行检测，对电压致热型设备异常温差需重点关注，电容式电压互感器出现整体温升偏高或局部过热，且发热符合自上而下逐步递减的情况，应结合二次电压情况进一步进行分析。

（2）电容式电压互感器在运行中出现某相二次电压偏低或偏高的情况，需引起必要的关注，跟踪二次电压的变化情况，若二次电压偏低极有可能是由于中压电容区发生部分击穿，偏高则极有可能是由于高压电容区发生击穿，应积极开展红外精确测温工作，一旦发现CVT温度异常，应立即进行分析处理，必要时停电进行诊断性试验。

（3）针对CVT设备故障率高的问题，设备投运前严把设备验收关，严格按照《国家电网公司变电验收管理规定》《全过程技术监督精益化管理实施细则》、GB 50148—2010《电气装置安装工程　电力变压器、油浸电抗器、互感器施工及验收规范》等的相关要求对电容式电压互感器开展验收，对不符合要求的设备及时提出整改措施，避免设备带"病"入网。

6.2 220kV电容式电压互感器二次电压及发热异常分析

- 监督专业：电气设备性能
- 设备类别：电容式电压互感器
- 发现环节：运维检修
- 问题来源：设备制造

6.2.1 监督依据

DL/T 664—2016《带电设备红外诊断应用规范》
Q/GDW 1168—2013《输变电设备状态检修试验规程》

6.2.2 违反条款

（1）依据Q/GDW 1168—2013《输变电设备状态检修试验规程》中表14的要求，油中气体含量总烃、乙炔、氢气分别不应超过100、2、150μL/L的注意值。

（2）依据DL/T 664—2016《带电设备红外诊断应用规范》附表B规定：电压互感器（含电容式电压互感器的互感器部分）整体温度偏高，且较正常电容式电压互感器温差大于2～3K，则属于危急缺陷，应立即消缺或退出运行，并进行诊断性试验。

● 6.2.3　案例简介

2019年7月9日凌晨，220kV某变电站220kVⅡ母6×24 C相电容式电压互感器（以下简称CVT）监控未检测到二次输出电压，检测试验人员现场检查发现，该TV二次部分从根部到TV端子箱中保护、计量、开口三角形绕组均无电压，且红外带电检测发现C相电磁单元处红外异常，比正常相高2.6K，属于危急缺陷，红外图如图6-2-1所示，初步怀疑TV电磁单元内部故障。后经解体检查发现为该TV电磁单元中间变压器连接分压电容接头（与中压接地开关接触头相连）与箱体接地处击穿放电，造成中间接地开关短路，经及时决策处置，避免了220kV母线TV爆炸事故的发生。该CVT型号为TYD220/$\sqrt{3}$-0.01H，2012年7月生产，2012年10月投运。

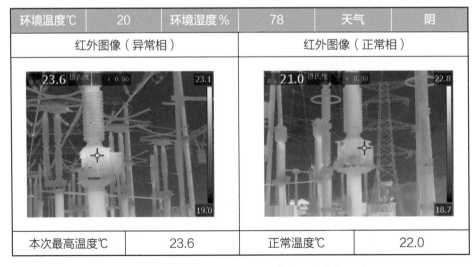

环境温度℃	20	环境湿度%	78	天气		阴
红外图像（异常相）			红外图像（正常相）			
本次最高温度℃		23.6	正常温度℃			22.0

图6-2-1　220kVⅡ母6×24 TV正常相与异常相红外图

● 6.2.4 案例分析

1.试验检查分析

2019年7月9日上午，试验人员对220kV Ⅱ母6×24 C相CVT进行了诊断试验。试验数据见表6-2-1~表6-2-6，电容单元绝缘电阻、介质损耗因数及电容量试验上节测试数据合格，其中下节C_1和C_2采用自激发测试，仪器显示短路接地，无法试验。后用反接法在中间法兰加压测试上下节并联电容，发现TV检修试验隔离开关无论在运行位置还是在试验位置，测试结果都一样，数值为44400pF；在C_2尾端N采用反接法2kV下测C_2电容量和介质损耗，数据合格；测量电磁单元一次绕组对地绝缘，显示绝缘电阻为0，判定下节C_1和C_2连接处短路接地；二次绕组直流电阻及绝缘电阻试验数据合格，表明二次绕组正常。根据Q/GDW 1168—2013《输变电设备状态检修试验规程》表14的规定：220kV及以上电压互感器油中气体含量总烃、乙炔、氢气分别不应超过100、2、150μL/L的注意值。初步判断电磁单元内部有放电灼烧故障。

下节C_1和C_2采用自激发测试，仪器显示短路接地，无法试验。后用反接法在中间法兰加压测试上下节并联电容，发现TV检修试验隔离开关无论在运行位置还是在试验位置，测试结果都一样，数值为44400pF，刚好是上节电容和下节C_1电容的并联值，初步怀疑下节C_1和C_2连接处发生接地短路。

表6-2-5中总烃、乙炔、氢气含量大大超过注意值，且CO、CO_2含量较大，参照三比值法诊断分析，发热原因可能为互感器内部存在故障，产生了

▼ 表6-2-1   绝缘电阻数据

相别	绝缘电阻（MΩ）						
	C_1	C_2	C_3	1a1n	2a2n	3a3n	dadn
C	15000	15000	15000	1500	1700	1700	1800
备注	环境温度20℃，相对湿度78%						

▼ 表6-2-2　　　　　　　　　　　　　电压比数据

相别	一次加压（kV）	变比			
		1a1n	2a2n	3a3n	dadn
C	10	无电压	无电压	无电压	无电压
备注	环境温度20℃，相对湿度78%				

▼ 表6-2-3　　　　　　　　　　　二次绕组直流电阻数据

相别	二次绕组直流电阻（mΩ）			
	1a1n	2a2n	3a3n	dadn
C	23.03	31.08	29.01	88.99
备注	环境温度20℃，相对湿度78%			

▼ 表6-2-4　　　　　　　介质损耗因数及电容量测试数据

相别		试验电压（kV）	$\tan\delta$（%）	电容量（pF）	铭牌值（pF）	比差（%）
C	上节C	10	0.073	19920	20046	0.63

▼ 表6-2-5　　　　　　　　　油中溶解气体分析

相别		C相
分析项目	甲烷CH_4（μL/L）	3581.35
	乙烷C_2H_6（μL/L）	6615.15
	乙烯C_2H_4（μL/L）	8736.73
	乙炔C_2H_2（μL/L）	44.65
	总烃ΣC_i（μL/L）	18978.38
	氢气H_2（μL/L）	773.36
	一氧化碳CO（μL/L）	16262.37
	二氧化碳CO_2（μL/L）	170636.38

▼ 表6-2-6　　　　油介质损耗因数及油耐压试验、微水测试

相别	击穿电压均值（kV）	介质损耗$\tan\delta$（%）	微水（mg/L）
C相上节C	27.5	0.448	38.6

高能放电。

2.解体检查分析

为进一步查明故障原因，对C相CVT进行了解体检查。检修试验人员在解体前对该CVT进行充分泄压，泄压后解体发现CVT电磁单元中间变压器连接分压电容接头（与中压接地开关接触头相连）与箱体接地处击穿，击穿灼烧于绝缘支撑板上，绝缘支撑板击穿后碳化，击穿痕迹周围分布大量电树枝状，电磁单元整体及击穿部位情况如图6-2-2和图6-2-3所示。

图6-2-2　TV电磁单元整体图　　　　图6-2-3　TV试验隔离开关接触头支撑绝缘
　　　　　　　　　　　　　　　　　　　　　　　　　　板击穿

通过对该TV解体检查，发现导致该故障直接原因是中压接地开关接地短路，相当于运行位置转到了试验位置，导致TV下节电容C_2及电磁单元被"切除"，造成二次无信号输出，如图6-2-4所示。由图6-2-3可以清晰看到，绝缘板击穿处周围布满电树枝状，该电树枝是由于该绝缘支撑板中杂质或水分，引起绝缘板内部放电产生细微开裂，形成细小通道，其通道内空壁上放电产生碳粒痕迹，呈现树枝状，分支数少而清晰，电树枝造成绝缘件迅速老化、绝缘性能进一步下降，直到被击穿，被击穿处持续放弧，造成绝缘油分解，出现油中溶解气体及红外异常，电弧造成内部压力剧增，内部电弧进一步发展如不及时处理，将造成TV爆炸事故发生，危急设备安全。

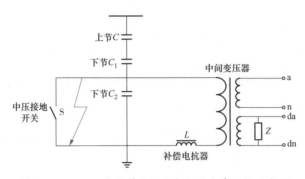

图6-2-4　CTV电磁单元处内部短路击穿结构示意图

● **6.2.5　监督意见及要求**

（1）对该站同批次同型号TV进行排查，积极开展红外精确测温跟踪工作，一旦发现TV温度异常，应立即进行处理，必要时需停电进行诊断性试验。

（2）运行中TV出现二次电压输出异常情况，可进行红外测温和油中溶解气体分析，以判断其内部是否存在放电或高温过热。

（3）加强该结构型号TV例行试验，对带中间接地开关配置的TV进行试验位置绝缘测试。

（4）对该TV进行全过程溯源整治，加强运检阶段前设备制造、建造验收等过程技术监督，杜绝问题设备入网。

6.3　220kV电容式电压互感器电容单元缺油导致二次电压异常分析

- 监督专业：电气设备性能
- 设备类别：电容式电压互感器
- 发现环节：运维检修
- 问题来源：设备制造

● **6.3.1　监督依据**

Q/GDW 1168—2013《输变电设备状态检修试验规程》

● 6.3.2 违反条款

依据 Q/GDW 1168—2013《输变电设备状态检修试验规程》中 5.6.1.1 规定，分压电容器试验要求电容量初值差不超过 ±2%（警示值），介质损耗因素不大于 0.25%（膜纸复合）（注意值）。

● 6.3.3 案例简介

2021年9月19日14时30分，500kV 某变电站220kV Ⅰ B母A相二次电压异常，试验人员对该电压互感器进行了停电检查试验，发现上节电容量异常，介质损耗值有一定程度的增长，整体变比减小。对该相电容式电压互感器（以下简称CVT）进行整体更换和试验合格后，投运正常。

该CVT型号为TYD-220/$\sqrt{3}$-0.01H。2016年10月出厂，2021年9月16日投运。

● 6.3.4 案例分析

1.试验数据分析

（1）系统电压情况。故障前系统电压情况如图6-3-1所示，自2021年9月16日投运到9月19日14时，电压数据正常，从14时开始电压逐步升高，14时30分1a1n绕组测得的一次电压为135.3kV，15时10分138.4kV，16时30分142kV，18时46分147kV。

（2）红外图像分析。9月19日出现电压异常增长后，运维人员对220kV IB母电压互感器进行红外测温，如图6-3-2所示。拍摄红外图显示A相电压互感器上节绝缘子温度异常，根据局部发热的特征排除外部污秽影响，可能为内部介质损耗偏大或电容量增长引起，较B、C相高2.8K。

（3）常规试验。9月19日凌晨2时左右，对该电压互感器进行停电诊断性试验，发现A相上节电容量增长25%，远大于Q/GDW 1168—2013《输变电

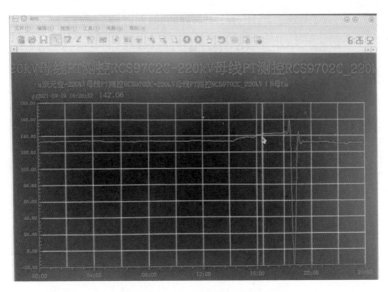

图 6-3-1　二次系统电压照片

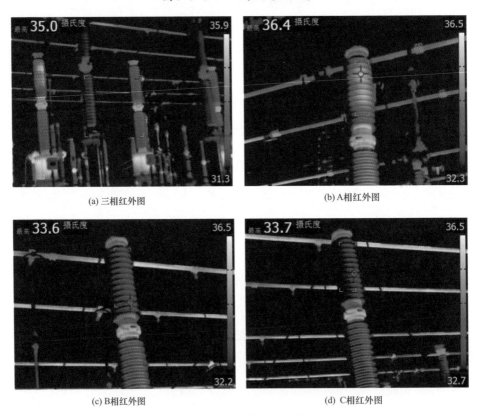

(a) 三相红外图

(b) A相红外图

(c) B相红外图

(d) C相红外图

图 6-3-2　红外测温照片

设备状态检修试验规程》中规定的2%标准；介质损耗虽未超标，但已非常接近Q/GDW 1168—2013《输变电设备状态检修试验规程》中规定的0.25%注意值，且与交接值相比增长282%；A相电压互感器整体变比减小至1980∶1，远小于正常值2200∶1；按变比换算运行电压下二次电压为64.15V，与停电前二次测量电压64.8V相符。B、C两相诊断性试验无异常。初步判断，上节电容单元部分电容击穿的可能性较大。二次绕组直流电阻、下节变比、电容量及介质损耗均合格。详细数据见表6-3-1和表6-3-2。

▼ 表6-3-1 　　　　　　　停电诊断试验介质损耗及电容量数据

A相	$C_上$		$C_{下1}$		$C_{下2}$	
	实测	交接	实测	交接	实测	交接
C_x（pF）	25260	20130	25700	25730	100100	99980
$\tan\delta$（%）	0.233	0.061	0.050	0.105	0.068	0.057

▼ 表6-3-2 　　　　　　　　　停电诊断试验变比数据

A相	$C_总$		$C_下$	
	实测	初值差（%）	实测	初值差（%）
1a1n	1980	-10	1092	-0.7
2a2n	1980	-10	1091	-0.8
3a3n	1980	-10	1092	-0.7
dadn	1145	-9.8	631.3	-0.6

该设备2021年8月17日在备品库进行全套交接试验合格，9月15日安装完毕再次进行交接试验，各项数据均正常，9月16日投运当天电压无异常。9月19日开始二次电压逐步升高，判断A相CVT上节电容单元存在内部击穿。

2.解体检查及试验

（1）外观检查。9月25日，对该电压互感器A相上节进行解体前外观检查，发现上节底部存在刺激性气味，疑似绝缘油渗漏，但未发现明显油迹。

各密封螺栓外观检查发现有一个弹垫未完全压紧。瓷套表面除少许灰尘外无明显破裂、渗漏痕迹。

（2）油色谱分析。9月25日，对该电压互感器A相上节进行解体，发现内部绝缘油位偏低，油位距底部约15cm左右，远低于正常油位（器身高130cm），大部分电容暴露在空气中。同时发现其内部剩余的绝缘油有刺激性气味（PEPE油，电容器专用，本身具有刺激性气味和弱毒性），取部分油样进行油色谱分析，发现油中乙炔、总烃等含量均远超标准（参考变压器油标准），可判断绝缘油中存在明显放电的情况，油色谱结果见表6-3-3。

▼ 表6-3-3　　　　　　　　　　　油色谱分析结果

试验组分	含量（μL/L）
氢气 H_2	139
一氧化碳 CO	1341.7
二氧化碳 CO_2	4173.6
甲烷 CH_4	95.9
乙烯 C_2H_4	40.1
乙烷 C_2H_6	74.4
乙炔 C_2H_2	98.5
总烃	308.9

（3）解体试验及检查。使用电容表测量上节77个电容单元的电容量，发现第1个（从上至下，下同）电容单元电容量为1.707μF，第2、3、4、5、7、8、29、30、31、32、33、34、35、36、37这15个电容单元电容量为0μF，绝缘击穿，其余电容电容量为1.56μF左右。剩余62个电容串联的总电容量约为0.025193μF，与现场上节电容量实测值0.025260μF基本一致。

电容单元为膜纸复合绝缘结构，对电容量为0的第2个电容单元进行分解，发现内圈部分膜纸内部有黑色物质沉积，疑似放电产物，如图6-3-3所示；在第7圈（由内向外）膜纸处发现击穿孔洞，如图6-3-4所示。

图 6-3-3　疑似黑色放电产物

图 6-3-4　击穿孔洞

3.原因分析

（1）解体检查和试验表明，6×14 B相电压互感器A相因底部密封不良造成漏油，导致上部电容单元未完全浸入绝缘油中。

（2）投运前两次交接试验时所有电容单元的绝缘介质中依然有绝缘油作为绝缘介质，其电容的介电常数未发生改变，且试验电压仅10kV，不足以使电容单元击穿，因此介质损耗及电容量试验合格。

（3）运行时上节上部电容单元暴露在空气中，部分电容在运行电压下先发热烘烤电容单元绝缘油，而其外部没有绝缘散热，因绝缘介质损耗发生击穿短路，上节整体电容量增大，下节正常的分压电容分得更多电压。击穿单元逐步增多，最终导致A相二次输出电压逐渐升高。同时发热造成上节绝缘子温度较B、C相高2.87K。

（4）据查该电压互感器在其他站进行过过度使用，已经正常运行过几个月，之后拆下作为备品存放近4年。密封不良可能为频繁运输过程中密封螺栓因震动产生松动，并在震动中发生绝缘油渗漏。

● 6.3.5 监督意见及要求

（1）检修人员在电压互感器安装前应检查是否有外部渗油痕迹，如有渗油不得使用。

（2）电容式电压互感器无油位观察窗，长期备用后怀疑有缺油时，可在使用前通过称重方式判断内部是否有大量绝缘油流失情况。

（3）运维人员对新投运的电容式电压互感在48~72h内开展一次红外精确测温，发现异常应保持密切跟踪。

（4）本次解体检查还发现厂家使用的密封螺栓与上下节连接螺栓为相同规格，有拆装连接螺栓时误拆密封螺栓的隐患。已通知厂家进行改进，并在密封螺栓固定好之后采取刻画标记等方式提醒检修人员。

6.4 110kV电磁式电压互感器阻尼器外罩与油箱壁搭接导致电磁单元箱壁温度异常分析

- 监督专业：电气设备性能
- 设备类别：电容式电压互感器
- 发现环节：运维检修
- 问题来源：设备制造

● 6.4.1 监督依据

DL/T 664—2016《带电设备红外诊断应用规范》

Q/GDW 1168—2013《输变电设备状态检修试验规程》

● **6.4.2 违反条款**

依据Q/GDW 1168—2013《输变电设备状态检修试验规程》中5.5.1.3规定，红外热像检测高压引线连接处、本体等，红外热像图显示应无异常温升、温差和/或相对温差。

● **6.4.3 案例简介**

某公司在110kV某变电站开展带电检测工作中，发现110kV Ⅱ母5×24TV C相在电磁单元箱壁上存在一个过热点，温度比其余部分高24K，当即申请将该TV退出运行，于2018年3月19日进行了试验及解体检查。

该TV型号为TYD110/$\sqrt{3}$-0.02W3，2015年6月出厂，编号22597。

● **6.4.4 案例分析**

1.红外检测情况

检测人员在某变电站带电检测工作中，发现5×24C相TV电磁单元箱壁温度存在异常，红外检测及可见光图像如图6-4-1所示。

通过红外检测发现C相电磁单元的箱壁上存在一个过热点，温度较其余部分高24K，而对比三相电磁单元箱体，可发现，C相电磁单元温度整体比其余两相高1.5K。C相电磁单元箱体外观无异常，测量、计量、保护等二次电压正常。现场检测人员初步判断该TV电磁单元内部元件与箱体内壁存在搭接，建议将其退出运行并进行更换。

2.检查试验情况

于2018年3月19日对其进行解体检查。解体检查前进行了电容量、介质损耗、变比、绝缘电阻、二次绕组直流电阻、绝缘油色谱及耐压等试验项目，各个项目均试验合格。

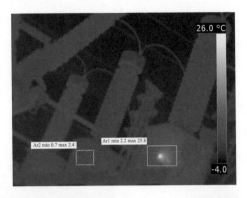

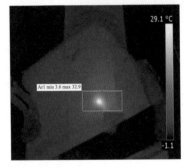

图6-4-1　5×24 C相TV红外检测及可见光图像

根据发热点位置以及该设备内部结构图，技术人员发现该位置与3a–3n绕组并联阻尼器的边缘位置重合，为验证该发热点是否是由于该阻尼器造成，技术人员计划对该阻尼器进行升压，在升压的同时进行红外测温。在试验过程中，发现在3az–3n阻尼器升压至15V时，原发热点即出现了2K的温升，当升压至运行电压57.7V时，温升达到24K，升压至1.2倍运行电压即69.1V时，温升达32K。验证试验接线及红外检测图像如图6-4-2所示。

并且对比3az–3n以及daz–dn两个阻尼器的励磁特性，可发现3az–3n阻尼器上的励磁电流明显大于daz–dn阻尼器。励磁特性数据见表6-4-1。

解体检查发现，在发热部位对应位置的油箱内侧安装有3a–3n绕组的并联阻尼器，且该阻尼器的外罩与箱壁有明显碰触，油箱壁上接触点的油漆有明显剐蹭，黏附在阻尼器的外罩上（如图6-4-3所示）。阻尼器速饱和电抗器解体照片如图6-4-4所示。

TV二次接线板短接情况，保护绕组与阻尼器共3n端，另一端3a与3az通过短接片相连

拆除3a与3az间短接片后在3az和3n端子间加压

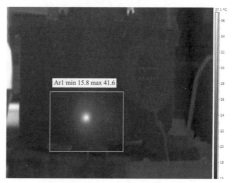

3az-3n阻尼器升压至15V时，发热点温升为2K

3az-3n阻尼器升压至57.6V时，发热点温升为24K

图6-4-2　验证试验接线及红外检测图像

▼ 表6-4-1　　　　　　　　阻尼器励磁特性试验数据

3az-3n (U_N=57.6V)	测试电压	10%U_N	30%U_N	50%U_N	80%U_N	100%U_N	120%U_N
	U（V）	5.76	17.28	28.8	46.1	57.6	69.1
	I（mA）	102	265	419	632	774	900
daz-dn (U_N=100V)	测试电压	10%U_N	30%U_N	50%U_N	80%U_N	100%U_N	120%U_N
	U（V）	10	30	50	80	100	120
	I（mA）	5.7	7.6	9.2	12.6	16.8	38

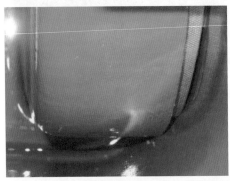

图6-4-3 解体检查情况

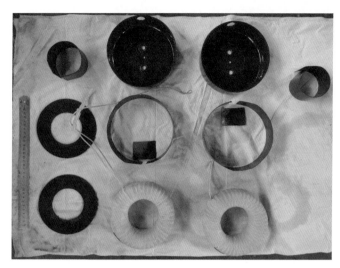

图6-4-4 阻尼器速饱和电抗器解体照片

3.原因分析

经测量，阻尼器的外罩高度为45mm，外罩的厚度为2mm，阻尼器紧固螺杆的高度为50mm。按设计值，箱壁圆角弯曲半径为22mm，阻尼器外罩与油箱内壁的距离为3mm左右。当箱体圆角半径达到30mm或外罩安装位置有所偏差时，外罩可能与箱壁接触。阻尼器外罩尺寸图如图6-4-5所示。搭接处局部尺寸如图6-4-6所示。

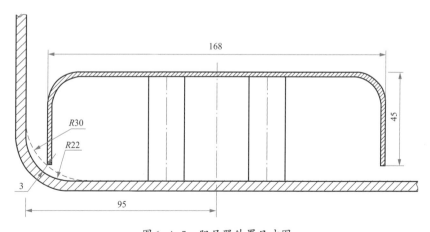

图6-4-5 阻尼器外罩尺寸图

当阻尼器外罩与油箱壁搭接时，形成"阻尼器外罩–油箱壁–固定螺栓及支柱"闭合回路，当阻尼器（该阻尼器是一个匝数为320匝的线圈）上通有交流电压时，即在该闭合回路内产生一个感应电流。通过安匝平衡定律进行理论计算，一次侧匝数为320匝，额定电压下电流为774mA，二次侧匝数为1匝（只形成了一个闭合回路），则二次感应电流可通过 $N_1I_1=N_2I_2$ 计算出 I_2 为248A，

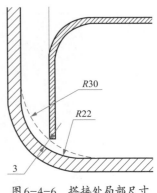

图6-4-6　搭接处局部尺寸

当阻尼器外罩与油箱壁搭接处通过该感应电流时，即导致接触点有明显发热。闭合回路示意图如图6-4-7所示。

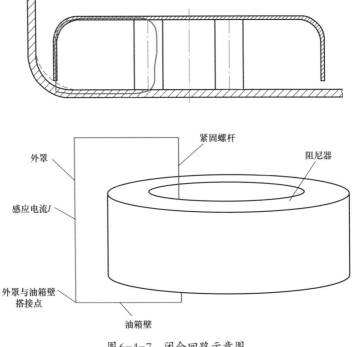

图6-4-7　闭合回路示意图

● 6.4.5　监督意见及要求

（1）110kV电压互感器共计30台，其中与故障TV同厂同批次、同样结构

设计的产品共有5只，包括110kV 5×14 TV三相，110kV 5×24 TV A、B相，均要求厂家返厂进行处理，消除该隐患，在未进行处理前，运维人员需加强红外测温，重点关注电磁单元箱壁上，二次面板左侧的圆角棱边上是否有异常发热点，如有异常发热点，建议立即退出运行。

（2）对已到货未安装的该批次产品，均要求厂家返厂进行整改。

6.5 110kV电容式电压互感器电容单元击穿引起二次电压异常分析

- 监督专业：电气设备性能
- 设备类别：电容式电压互感器
- 发现环节：运维检修
- 问题来源：设备制造

6.5.1 监督依据

Q/GDW 1168—2013《输变电设备状态检修试验规程》

6.5.2 违反条款

依据Q/GDW1168—2013《输变电设备状态检修试验规程》中5.6.1的规定，电容式电压互感器分压器电容量试验，电容量初值差不超过±2%（警示值）。

6.5.3 案例简介

2020年8月6日，专业人员通过CVT计量异常在线监测装置发现220kV某变电站110kV Ⅰ母TV计量装置异常，于10月20日赶赴现场检查发现110kV Ⅰ母电压互感器C相二次电压低于A、B相电压1V。2020年11月10日，试验人员随即对该CTV进行停电试验，试验结果显示该CTV电容量与变比偏大，立即对该电压互感器进行了更换，并进行了设备解体故障原因分析。

该电容式电压互感器型号为TYD110/$\sqrt{3}$-0.02H，出厂日期为2002年7月。

● 6.5.4 案例分析

1. C相二次电压偏低理论分析

停电前，对该电压互感器二次电压回路进行检查，A相电压60V，B相电压60V，C相电压59V，C相二次电压比A、B相低1V。

电容式电压互感器原理如图6-5-1所示，两节电容串联分压，上节电容为C_1与下节电容为C_2，每部分电容由多个电容元件串联组成。

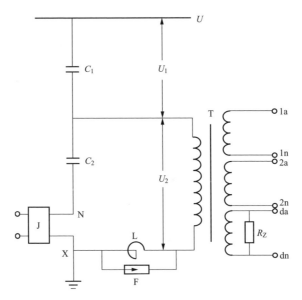

图6-5-1 电容式电压互感器的原理图

根据现场检查结果，出现C相二次电压降低，说明极有可能分压电容器C_2上的电压U_2降低，而根据分压公式U_2的表达式为

$$U_2 = \frac{C_1}{C_1 + C_2}U$$

式中 U——母线相电压。

若U_2的电压降低则可能是由于C_2增大所致，而C_2是由多个电容元件串联组成，根据电容串联公式，只有C_2串联的部分电容减小时，总电容C_2才会增

大。因此，试验人员初步分析很可能下节电容C_2内有电容元件击穿，造成电容式电压互感器变比增大，从而导致C相二次电压降低。

2.停电试验情况

2020年11月10日，试验人员对该从CVT进行了停电检查试验，试验项目及数据见表6-5-1~表6-5-3。

▼ 表6-5-1　　　　　　　　　　　绝缘电阻试验数据

相别	A（MΩ）	B（MΩ）	C（MΩ）
一次整体	18000	22000	20000
末屏	6300	7100	6600
二次绕组	2500	3000	3000

▼ 表6-5-2　　　　　　　　　　介质损耗及电容量试验数据

相别	试验部位	接线方式	试验电压（kV）	tanδ（%）	C_x（pF）	初值差（%）
A	$C_总$	—	—	—	19821	0.36
	$C_{下1}$	自激	2	0.325	28820	—
	$C_{下2}$	自激	2	0.033	63480	—
B	$C_总$	—	—	—	19967	0.39
	$C_{下1}$	自激	2	0.364	29210	—
	$C_{下2}$	自激	2	0.017	63100	—
C	$C_总$	—	—	—	20450	**2.61**
	$C_{下1}$	自激	2	0.381	29310	—
	$C_{下2}$	自激	2	0.321	**67660**	—

▼ 表6-5-3　　　　　　　　　　　　变比试验数据

绕组	A		B		C	
	实测变比	铭牌值	实测变比	铭牌值	实测变比	铭牌值
1a-1n	1098	1100	1099	1100	**1121**	1100
2a-2n	1098	1100	1098	1100	**1121**	1100
da-dn	634.8	635.1	635.2	635.1	**648.2**	635.1

通过停电试验数据可以看出，C相电容式电压互感总电容初值差达
2.61%，超过规程要求。而造成总电容偏大的原因是由于下节电容C_2明显偏
大，比A、B相CVT下节电容大4660pF。且C相CVT变比相较于铭牌值也同样
偏大。结合电容量及变比测试结果，初步判定该电容式电压互感器下节C_2发
生电容元件击穿。

3.解体检查情况

随即对该110kV Ⅰ母电压互感器进行了紧急更换，将电压互感器移至高
压试验大厅进行解体检查。将外部套管取出，检查内部电容芯子情况（如图
6-5-2所示），上节电容C_1共有72屏电容芯子，下节电容C_2共有34屏电容芯
子。使用万用表检查每屏电容芯子两极的导通情况，检测上节电容C_1无异
常，下节电容从上往下到第30屏电容芯子时，发现两极之间发生导通（如图
6-5-3所示）。

图6-5-2　CVT内部电容芯子

图6-5-3　C_2第30屏电容芯子导通测量

拆除该电压互感器电容芯子两侧支撑件，查看下节电容C_2第30屏电容
芯子周围情况，通过观察发现C_2电容下部有明显的放电击穿痕迹，且C_2电

容下部外侧有清晰的灼烧现象，面积覆盖第30~32屏，如图6-5-4和图6-5-5所示。

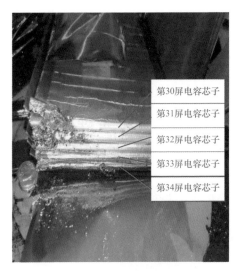

图6-5-4 C_2电容下部电容芯子

图6-5-5 第30、31屏电容芯子放电痕迹

对每一屏电容芯子进行拆除，检测电容芯子内部情况，通过图6-5-4和图6-5-5可以看到该电容式电压互感器下节电容C_2的第30、31屏电容芯子中间发生明显的放电击穿。利用万用表电阻挡对外观良好及第30、31屏电容芯子进行电阻测量，结果显示外观良好的电容芯子其两极电阻无限大，而第30、31屏电容芯子其两极电阻分别为295.9、369.5Ω，进一步验证了该电容芯子确已击穿。

4.故障原因分析

通过解体发现下节电容芯子共有34屏，由多个电容量一致的电容芯子串联组成，而A相C_2的总电容量为63480pF，根据电容串联公式，其每一屏电容芯子的电容量为63480×34=2158320pF。通过解体检查发现C相C_2电容第30、31屏发生击穿，实际工作电容芯子仅为32屏，则对应的C相电容式电压互感器C_2总电容量计算值应为2158320÷32=67447.5pF，计算的理论数据与实测数据保持一致。此数据进一步说明C相二次电压比A、B相低1V的根本原因是由于C相电容式电压互感器下节电容C_2两屏电容芯子被击穿所致。

结合解体检查情况分析故障原因，试验人员提出了两种可能性：

（1）出厂制造过程中，电容芯子制作工艺不良，第30屏电容芯子下部极板不平整导致场强局部集中，低能放电，致使绝缘逐渐老化，最终导致30屏电容芯子下部击穿放电，并延伸至其他电容芯子。

（2）通过解体发现C_2下部电容芯子上存在少量污秽，如图6-5-6所示。因此试验人员怀疑此电容式电压互感器电容芯子被击穿是由于油内存在污秽微粒，由于油流作用附着在下部电容屏上，导致电容芯子两极间绝缘能力降低，在强电场作用下部分电容屏被击穿。

图6-5-6　C_2下部电容芯子上存在少量污秽

● 6.5.5 监督意见及要求

（1）电容式电压互感器在运行中出现某相二次电压偏低或偏高的情况，需引起必要的关注，跟踪二次电压的变化情况，并开展红外精确测温，必要时进行停电诊断试验。

（2）针对CVT设备故障率高的问题，设备投运前应严把设备验收关，严格按照《国家电网公司变电验收管理规定》《全过程技术监督精益化管理实施细则》、GB 50148—2010《电气装置安装工程　电力变压器、油浸电抗器、互感器施工及验收规范》等相关要求对电容式电压互感器开展验收，对不符合要求的设备及时提出整改措施，避免设备带"病"入网。

6.6 110kV电容式电压互感器避雷器单元击穿导致异常发热分析

- 监督专业：电气设备性能
- 设备类别：电容式电压互感器
- 发现环节：运维检修
- 问题来源：设备制造

● 6.6.1 监督依据

DL/T 664—2016《带电设备红外诊断应用规范》

《国家电网公司变电检测通用管理规定 第1分册 红外热像检测细则》

● 6.6.2 违反条款

依据DL/T 664—2016《带电设备红外诊断应用规范》中附录A规定，热点温度＞130℃或$\delta \geqslant 95\%$，判定为危急缺陷；温差不超过15K，未达到严重缺陷的要求，判定为一般缺陷。

● 6.6.3 案例简介

2017年7月，某110kV变电站5×14 A相电压互感器二次失压，对该组电压互感器进行红外精确测温诊断发现A相电磁单元部分最高温度55℃、B相32.5℃、C相32.4℃，停电后进行各项试验，并对该相电压互感器解体检查，发现与一次绕组并联的避雷器被击穿，密封性遭到破坏且避雷器内管壁有放电痕迹，各项检查及试验结果均证明，二次失压与温度异常是避雷器被击穿导致的。

● 6.6.4 案例分析

1.试验数据分析

红外测温如图6-6-1所示，A相电磁单元部分最高温度55℃、B相

32.5℃、C相32.4℃，相间温差22.6K，判断为危急缺陷，随即退出运行并进行诊断性试验。

图6-6-1　电压互感器红外测温图

依次进行了二次绕组直流电阻、二次绝缘电阻、一次绝缘电阻试验，试验结果见表6-6-1。

▼ 表6-6-1　　　　　　　　　　　各项试验结果

二次绕组直流电阻试验			
相别	A1X1	A2X2	afXf	结论
A	16.450mΩ	14.512mΩ	99.90mΩ	合格
二次绕组绝缘电阻试验			
相别	A1X1	A2X2	afXf	结论
A	12000 MΩ	13000 MΩ	15000 MΩ	合格
一次绕组绝缘电阻试验			
相别	C_1	C_2	δ-对地	结论
A	70000MΩ	12000MΩ	60000MΩ	合格

从表6-6-1的测量数据可知，绝缘电阻值和直流电阻值都在标准规定的范围之内；随后采取了自激法测试介质损耗及电容量，但当二次电压上升至20V左右时无法继续升高，初步分析一次绕组绝缘存在薄弱处，且很有可能位于C_1与C_2之间。为进一步诊断出二次失压真实原因，将该电压互感器解体并对电磁单元绝缘油进行油色谱分析，如图6-6-2所示；解体后测试C_1和C_2的介质损耗及电容量显示电容单元的绝缘情况是正常的，试验结果分别见表6-6-2和表6-6-3。

▼ 表6-6-2　　　　　　　　绝缘电阻电容介质损耗及电容量测量

相别	测量部位	介质损耗值	C_x（pF）			结论
		$\tan\delta\%$	试验值	初值	初差值	
A	C_1	0.139	29140	29540	-1.35%	合格
	C_2	0.144	63580	64230	-1.01%	

▼ 表6-6-3　　　　　　　　　　油化试验结果

H_2	CO	CO_2	CH_4	C_2H_4	C_2H_6	C_2H_2	总烃
426.068	134.285	3430.49	187.74	22.668	75.449	0.76	286.617

由图6-6-2可以看出，电磁单元有中间变压器、一次绕组、避雷器、阻尼器等。带避雷器测量一次绕组绝缘电阻为0MΩ，去掉避雷器后，再次测量一次绝缘电阻为60000MΩ，因此基本可以判定：由于与一次绕组并联的避雷器被击穿，导致二次失压，从而引起红外热像异常。

2.现场检查与处理

将该避雷器拆出切掉尾部后，发现有大量的油流出，证明该避雷器密封性能已遭破坏。将电阻片从尾部倒出，竖立放置并从上至下依次编号，烘干后，再次测量绝缘电阻，所有电阻片结果均为0MΩ，如图6-6-3所示。仔细检查避雷器的内部管壁，发现有明显局部放电痕迹和高温烧损痕迹，如图6-6-4所示，同时，表6-6-3的油化验结果也证明了这一点。

图 6-6-2　解体后电磁单元内部图

(a) 电阻片　　　　　　(b) 编号

图 6-6-4　避雷器内管壁放电
痕迹

图 6-6-3　电阻片及其编号

● 6.6.5　监督意见及要求

（1）积极开展红外精确测温工作，一旦发现电压互感器温度异常，应立即进行分析处理，必要时需停电进行诊断性试验。

（2）国家电网设备〔2018〕979号《国家电网公司十八项电网重大反事故措施（2018年修订版）》相关条文要求：电容式电压互感器的中间变压器高压侧不应装设避雷器。将对同类型的电磁单元一次侧装有避雷器的电压互感器进行全面排查和处理，及时预防同类故障再次发生。

6.7 110kV电容式电压互感器密封圈变形导致本体发热缺陷分析

- 监督专业：电气设备性能
- 设备类别：电容式电压互感器
- 发现环节：运维检修
- 问题来源：设备制造

6.7.1 监督依据

GB 50150—2016《电气装置安装工程　电气设备交接试验标准》

Q/GDW 1168—2013《输变电设备状态检修试验规程》

国家电网设备〔2018〕979号《国家电网有限公司十八项电网重大反事故措施（2018年修订版）》

6.7.2 违反条款

依据 Q/GDW 1168—2013《输变电设备状态检修试验规程》电容式电压互感器中规定：

（1）红外热像检测高压引线连接处、本体等，红外热像图显示应无异常温升、温差和/或相对温差；

（2）分压电容器极间绝缘电阻要求不小于5000MΩ；

（3）二次绕组绝缘电阻要求不小于10MΩ；

（4）分压电容器试验要求电容量初值差不超过 ±2%（警示值），介质损耗因素不大于0.25%（膜纸复合）（注意值）；

（5）110kV设备绝缘油例行试验要求水分不大于35mg/L（注意值），介质损耗因素（90℃）不大于4%（注意值），击穿电压不小于35kV（警示值）。

依据 GB 50150—2016《电气装置安装工程　电气设备交接试验标准》互感器中规定：

（1）电压互感器的二次绕组直流电阻测量值，与换算到同一温度下的出厂值比较，相差不宜大于15%；

（2）互感器变比应与制造厂铭牌值相符。

● 6.7.3 案例简介

2021年7月，某公司带电检测班对某220kV变电站进行全站一次设备带电检测巡检工作时，发现110kV设备区506 A相CVT本体油温较高，为了准确判断对该站同厂同型号CVT进行了对比测温，比较发现506 A相CVT本体油箱温度异常，与正常相温差10.5K，判断为电压致热型严重缺陷。同时检查发现506 A相CVT二次电压异常，综合判断该CVT内部铁芯异常发热。

该公司对506 A相CVT进行了停电更换，并派遣专家对故障CVT进行诊断性试验和解体检查，发现506CVT电磁单元上部密封圈发生变形，内部严重进水，电磁单元严重脏污。

该CVT型号为TYD110/$\sqrt{3}$-0.02H，2018年返修后进行了交接试验，2019年重新投运。

● 6.7.4 案例分析

1.试验数据分析

（1）红外测温。该变电站506 A相CVT红外测温图如图6-7-1所示，该站同厂同型号CVT红外测温图如图6-7-2所示。由图6-7-1可知，506 A相CVT本体油箱存在明显发热，以上部为中心逐渐递减，温度45.9℃，温升20.6K；从图6-7-2可知，该站同厂同型号CVT油箱温度35.4℃，温升10.1K。比较发现506 A相CVT本体油箱温度异常，与正常相温差10.5K，判断为电压致热型严重缺陷。

（2）绝缘电阻试验。该CVT电容单元极间绝缘电阻和二次端绝缘电阻测试值见表6-7-1，仅$C_{下1}$绝缘电阻合格，$C_{下2}$、N、XL及二次绕组绝缘电阻均无法加压，说明该CVT电磁单元存在进水受潮或短路击穿等情况。

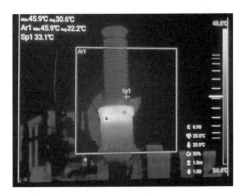

图 6-7-1 506 A相CVT红外测温图

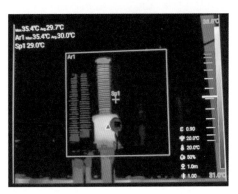

图 6-7-2 同厂同型号CVT红外测温图

▼ 表6-7-1 绝缘电阻测试数据

绝缘电阻	A相（MΩ）	
	绝缘电阻表1000V测量值	标准
$C_{下1}$	34000	≥5000
$C_{下2}$	电压加不上	
N-地	电压加不上	≥1000
XL-地	电压加不上	
a1x1	电压加不上	≥10
a2x2	电压加不上	
dadn	电压加不上	

（3）介质损耗及电容量试验。该CVT介质损耗及电容量测试数据见表6-7-2，该CVT自激法测试时无法升压，说明电磁单元已故障，随后采用对电容单元整体正接线和反接线方法进行试验，测得整体介质损耗及电容量均不合格，反接线测得的电容量仅21pF、介质损耗为负值，说明电流主要通过电磁电源流入大地，感性电流抵消了容性电流，正接线测得电容量相当于交接试验 $C_{下1}$ 的电容量，说明 $C_{下2}$ 被整体短接。

（4）绕组直流电阻试验。该CVT二次绕组直流电阻测试数据见表6-7-3。dadn绕组电阻值合格，a1n1和a2n2直流电阻测试数据初值差分别为-20.12%

▼ 表6-7-2　　　　　　　　　介质损耗及电容量测试结果

介质损耗及电容量	试验方法	试验电压（kV）	介质损耗 tanδ（%）	电容量（pF）	电容量交接值（pF）
$C_{下1}$	自激法	无法升压	无法升压	无法升压	28810
$C_{下2}$		无法升压	无法升压	无法升压	64190
备注	仪器显示升不上压				
C	正接法	10	1.294	28720	—
C	反接法	10	-5.716	21.30	—
备注	此正接线测试时，CVT首端加压、XL保持接地、N接测量线				

和 -18.08%，超出标准要求的10%范围，说明这两个绕组运行中发生了短路击穿故障。

▼ 表6-7-3　　　　　　　　　二次绕组直流电阻测试数据

二次直流电阻（mΩ）	A相		
二次端子号	a1n1	a2n2	dadn
实测（36℃）	23.29	25.53	116.26
实测（75℃）	26.64	30.35	132.99
交接（16℃）	27	30	116
交接（75℃）	33.35	37.05	143.27
初值差（%）	-20.12	-18.08	-7.18
标准	同型号、同规格、同批次电流互感器绕组的直流电阻和平均值的差异不宜大于10%		

（5）变比试验。对该CVT的变比极性进行测试，测试数据见表6-7-4。实测变比都为0，分析认为因电磁单元存在进水受潮或内部击穿故障，导致电压无法传递到二次侧，这与停电前检查二次电压失压现象一致。

（6）绝缘油试验。该CVT的绝缘油检测数据见表6-7-5。取油时底部存

▼ 表6-7-4　　　　　　　　　　　变比极性测试数据

相别	A相		
端子标号	额定变比	实测变比	极性
a1x1	1100	0	—
a2x2	1100	0	—
dxdn	635.1	0	—

在大量水分，绝缘油中微水含量明显偏高，油耐压值较同电压等级低正常设备检测值低，可以判断内部进水严重。由于绝缘油品质太差，没有进行油色谱分析检测。

▼ 表6-7-5　　　　　　　　506TV A相绝缘油检测数据

检测项目	检测数据
外观	黄色
酸值（mgKOH/g）	0.009
水溶性酸（pH）	6.14
油介质损耗（90℃ %）	0.446
油耐压（kV）	33.1
微水（mg/L）	324.7

2.现场检查与处理

专家们对该CVT进行解体检查，发现CVT电磁单元上部的密封圈已经变形且向内凹进去，电磁单元底部存在大量水分，其内部电磁单元已经完全被烧黑，如图6-7-3所示。分析认为，电磁单元上部密封圈在运输或吊装过程中受力不均匀导致局部发生变形，造成密封失效，油中进水受潮，绝缘性能下降，中间变压器发生放电，并在长期放电作用下，电磁单元中的绝缘材料分解，产生大量焦状污秽，最终使得整个电磁电源内部接地，造成失压。

(a) CVT解体检查电磁单元密封圈变形图   (b) CVT解体检查电磁单元内部状况图

图6-7-3   CVT解体检查

6.7.5 监督意见及要求

（1）CVT厂家密封圈安装工艺不到位，致使CVT电磁单元无法处于密封状态，长期运行中进水受潮，内部发生发电，为本次故障的直接原因。

（2）由于线路CVT失压不会发告警信号，导致运行中未能及时获取电压互感器失压的信息，建议结合例行巡视，加强对线路CVT二次电压的监测。

（3）严格把控设备制造工艺和安装工艺，选用的密封圈必须符合要求。

（4）加强对CVT等设备的红外精确测温，以及时发现设备缺陷

（5）扩大二次电压的监测范围，并根据监测结果预判CVT内部绝缘状况。

6.8 110kV电磁式电压互感器连接导体脱落导致二次电压异常分析

- 监督专业：电气设备性能
- 设备类别：电磁式电压互感器
- 发现环节：运维检修
- 问题来源：安装调试

● 6.8.1 监督依据

Q/GDW 11447—2015《10kV—500kV输变电设备交接试验规程》

湘电公司设备〔2020〕244号《国网湖南电力有限公司关于印发变压器、GIS、开关柜全过程管理重点措施的通知》

● 6.8.2 违反条款

（1）依据Q/GDW 11447—2015《10kV—500kV输变电设备交接试验规程》中7.3.2的规定，二次绕组直流电阻测量值与换算到同一温度下的出厂值比较，相差不宜大于15%。

（2）依据湘电公司设备〔2020〕244号《国网湖南电力有限公司关于印发变压器、GIS、开关柜全过程管理重点措施的通知》对长期冷备用GIS再次投运时试验要求规定：对停运超过6年的GIS，除应开展例行试验外，还应根据实际情况开展诊断性局部放电试验，诊断性局部放电试验要求如表B.1所示。

● 6.8.3 案例简介

2021年8月28日，220kV某变电站516线路竣工投产运行送电时，二次人员在运行电压下检查发现线路TV二次电压异常，怀疑TV本身存在异常。进行电气诊断试验和X射线探伤，发现TV气室连接导体脱落，导致一次绕组未接入回路。对TV进行整体更换和试验合格后，投运正常。

该TV型号为JDQX-110I，为GIS内置式电磁式电压互感器。2012年10月交接试验后整间隔为备用状态，未带电运行。

● 6.8.4 案例分析

1.试验数据分析

2021年8月28日，220kV某变电站516线路竣工投产运行送电时，二次人员在运行电压下检查发现线路TV两个二次绕组测量电压仅为正常运行时的10%。试验人员对TV本体进行以下诊断性试验：

（1）二次绕组直流电阻、绝缘电阻试验合格。

（2）一次绕组直流电阻：合上5163-1接地开关，并取下接地开关外引点接地排，测量5163-1至TV尾端直流电阻，电流回路不通，无法测出一次绕组直流电阻，不合格。

（3）变比极性测试：无法测出，不合格。

（4）励磁特性试验：二次侧进行励磁特性试验，与交接试验数据一致，试验合格。

以上试验结果表明二次绕组、铁芯正常，故障部位位于TV一次侧。为进一步分析故障部位，恢复5163-1接地开关外引点接地排，从TV一次尾端加压2500V，绝缘电阻为75000MΩ。正常情况下TV首端接地时，从尾端测试绝缘电阻应为0MΩ，证明了TV首端未接入主回路，主要有以下三种可能：

（1）TV首端未接入回路概率较大，初步怀疑电缆耐压后TV一次导杆未装。

（2）接地开关未合闸到位，但线路转检修状态，电缆两端应均为接地状态，可能性较小。

（3）TV一次绕组存在断线。

2. X射线检测

对516及相邻间隔518间隔同型号同部位TV进行了X射线探测。图6-8-1为516TV本体的X射线图，图6-8-2为相邻间隔同型号电压互感器本体的X射线图。可以明显看出，516电压互感器气室下部一圆柱连接导体脱落，导致一次绕组未接入主回路。

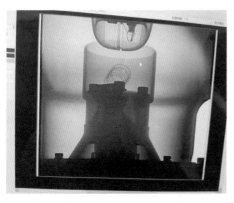 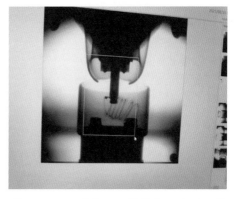

图6-8-1 异常电压互感器（516电压互感　图6-8-2 正常电压互感器（518电压互感
器）本体X射线图　　　　　　　器）本体X射线图

● 6.8.5 监督意见及要求

（1）对于GIS设备，耐压完成后，所有设备恢复至运行状态后进行局部
放电测试时，需同步测量内置TV二次电压，内置式避雷器同步测量阻性电
流、全电流，以此判断TV、避雷器内部部件接触情况。

（2）GIS设备发现异常情况后需认真分析，排除外部因素后可优先利用X
射线对缺陷部位进行无损精确定位。